图解
《建筑设计防火规范（2018年版）》

（双色版）

栾海明　主编

化学工业出版社

·北京·

本书严格按照现行的《建筑设计防火规范（2018年版）》（GB 50016—2014）的内容，将规范中常用的、内容有变动的、难于理解的、存在歧义的、新补充的条文，在条文规范后以条文释义及图解的形式进行逐条解读，使读者阅读起来更加简单直观。特别是对条文释义的重点内容，用色块加以标注区分，有利于读者进一步加深理解。

本书内容详实、全面，实用性强，既可以作为从事建筑设计人员、消防管理部门等的工具用书，也可作为从事建筑工程施工等相关专业人员及各大建筑类大专院校相关专业师生参考用书。

图书在版编目（CIP）数据

图解《建筑设计防火规范（2018年版）》：双色版 /
栾海明主编 .—北京：化学工业出版社，2020.1（2023.11
重印）
ISBN 978-7-122-35580-5

Ⅰ．①图… Ⅱ．①栾… Ⅲ．①建筑设计 - 防火 -
规范 - 中国 - 图解 Ⅳ．① TU892-65

中国版本图书馆 CIP 数据核字（2019）第 252499 号

责任编辑：彭明兰
责任校对：宋 玮 装帧设计：关飞

出版发行：化学工业出版社（北京市东城区青年湖南街 13 号 邮政编码 100011）
印 装：涿州市殷润文化传播有限公司
787mm×1092mm 1/16 印张 18¹/₂ 字数 493 千字 2023 年 11 月北京第 1 版第 5 次印刷

购书咨询：010-64518888 售后服务：010-64518899
网 址：http://www.cip.com.cn
凡购买本书，如有缺损质量问题，本社销售中心负责调换。

定 价：78.00 元 版权所有 违者必究

前　言

　　《建筑设计防火规范（2018 年版）》（GB 50016—2014）是根据住房和城乡建设部发布的《关于印发〈2007 年工程建设标准规范制订、修订计划（第一批）〉的通知》（建标〔2007〕125 号文）和《关于调整〈建筑设计防火规范〉、〈高层民用建筑设计防火规范〉修订项目计划的函》（建标〔2009〕94 号），由公安部天津消防研究所、四川消防研究所会同有关单位，在《建筑设计防火规范》（GB 50016—2006）和《高层民用建筑设计防火规范（2005 年版）》（GB 50045—95）的基础上，经整合修订而成。2018 年版是在 2014 年版规范实施后进行的局部修订，集中体现了建筑防火防控领域的实践经验和理论成果，对建筑设计防火领域有着重要意义。其内容比之前更加广泛、更加深入，为帮助广大建筑从业者更好地理解该规范，编者结合多年来的实践经验编写了本书，以便读者查阅。

　　本书的主要内容包括生产和储存的火灾危险性分类；高层建筑的分类要求；厂房、仓库、住宅建筑和公共建筑等工业与民用建筑的建筑耐火等级分级及其建筑构件的耐火极限、平面布置、防火分区、防火分隔、建筑防火构造、防火间距和消防设施设置的基本要求；工业建筑防爆的基本措施与要求；工业与民用建筑的疏散距离、疏散宽度、疏散楼梯设置形式、应急照明和疏散指示标志以及安全出口和疏散门设置的基本要求；甲、乙、丙类液体、气体储罐（区）和可燃材料堆场的防火间距、成组布置和储量的基本要求；木结构建筑和城市交通隧道工程防火设计的基本要求，满足灭火救援要求需设置的救援场地、消防车道、消防电梯等设施的基本要求；建筑供暖、通风、空气调节和电气等方面的防火要求以及消防用电设备的电源与配电线路等基本要求。

　　鉴于《建筑设计防火规范（2018 年版）》（GB 50016—2014）是整合了原《建筑设计防火规范》与《高层民用建筑设计防火规范》的内容，并在两者的基础上进行的修订与内容补充，其涉及面广、专业性强，因此在编写本书时，编者力求全面、准确地引用原规范中的条文，但是由于条件所限，内容的局限性和疏漏、不当之处在所难免。因此，本书不能替代相关规范，读者在引用时需核对相关规范原文。

　　本书由栾海明主编，杨淑玲、王希若副主编，阎秀敏、张跃、哈翠翠、高海静、何艳艳参与编写。对于在编写过程中参考或引用的相关标准规范和手册资料的作者，在此致以深深的谢意。

　　由于编者学识与经验有限，虽尽心尽力，但难免存在疏漏和不妥之处，希望读者予以批评和指正。

编者
2019 年 11 月

目　录

1 总　则

1.0.1　为了预防建筑火灾，减少火灾危害，保护人身和财产安全，制定本规范。

【条文释义】　本条规定了制定本规范的目的。在建筑设计中，采用必要的技术措施和方法来预防建筑火灾和减少建筑火灾危害，保护人身和财产安全，这是建筑设计的基本消防安全目标。设计单位、建设单位和消防监督机构的密切配合，使建筑具有较高的消防安全性能，使之"防患于未然"。在设计中，设计师既要根据建筑物的使用功能、空间与平面特征和使用人员的特点，采取提高本质安全的工艺防火措施和控制火源的措施，防止发生火灾，也要合理确定建筑物的平面布局耐火等级和构件的耐火极限，进行必要的防火分隔，设置合理的安全疏散设施与有效的灭火、报警与防排烟等设施，以控制和扑灭火灾，实现保护人身安全，减少火灾危害的目的。

1.0.2　本规范适用于下列新建、扩建和改建的建筑：

　　1　厂房；

【条文释义】　厂房如图1-1所示。

　　2　仓库；

【条文释义】　仓库如图1-2所示。

图1-1　厂房示意

图1-2　仓库示意

　　3　民用建筑；
　　4　甲、乙、丙类液体储罐（区）；
　　5　可燃、助燃气体储罐（区）；
　　6　可燃材料堆场；

【条文释义】　可燃材料堆场如图1-3所示。

图 1-3 可燃材料堆场示意

7 城市交通隧道。

人民防空工程、石油和天然气工程、石油化工工程和火力发电厂与变电站等的建筑防火设计，当有专门的国家标准时，宜从其规定。

【条文释义】 无窗厂房、其他地上无窗建筑或无法开启的固定窗扇的密闭场所的防火设计除要考虑一般建筑的防火要求外，还应重点考虑人员安全疏散和建筑内的防烟、排烟，防止建筑内部发生轰燃现象等。《建筑设计防火规范（2018 年版）》（GB 50016—2014）补充了这类建筑场所的防烟、排烟设计要求。

1.0.3 本规范不适用于火药、炸药及其制品厂房（仓库）、花炮厂房（仓库）的建筑防火设计。

1.0.4 同一建筑内设置多种使用功能场所时，不同使用功能场所之间应进行防火分隔，该建筑及其各功能场所的防火设计应根据本规范的相关规定确定。

1.0.5 建筑防火设计应遵循国家的有关方针政策，针对建筑及其火灾特点，从全局出发，统筹兼顾，做到安全适用、技术先进、经济合理。

1.0.6 建筑高度大于 250m 的建筑，除应符合本规范的要求外，尚应结合实际情况采取更加严格的防火措施，其防火设计应提交国家消防主管部门组织专题研究、论证。

【条文释义】 这里将建筑高度的上限设定为 250m，理由如下。

（1）火灾次数。高层建筑的火灾次数一般为一次，当建筑物的建筑高度再高，其面积和人数达到《建筑设计防火规范（2018 年版）》（GB 50016—2014）的两次火灾标准时，火灾次数不应再按一次计算。

（2）消防电梯速度。消防电梯速度要求在 1min 内从底层到顶层，当消防电梯速度为 2.5m/s 时，250m 的高层建筑需时 100s，即 1.67min，已略低于标准要求，但未超过 2min。

（3）电源保证。一类建筑和二类建筑分别对供电有明确规定，当建筑高度再高时，电源保证的要求更高，当时在我国难以做到。

1.0.7 建筑防火设计除应符合本规范的规定外，尚应符合国家现行有关标准的规定。

2 术语、符号

2.1 术 语

2.1.1 高层建筑 high-rise building

建筑高度大于 27m 的住宅建筑和建筑高度大于 24m 的非单层厂房、仓库和其他民用建筑。

注：建筑高度的计算应符合本规范附录 A 的规定。

【条文释义】 高层建筑如图 2-1～图 2-3 所示。

图 2-1 某住宅建筑剖面示意

图 2-2 某非单层厂房、仓库剖面示意

图 2-3 其他建筑剖面示意

2.1.2 裙房 podium

在高层建筑主体投影范围外，与建筑主体相连且建筑高度不大于 24m 的附属建筑。

【条文释义】 裙房如图 2-4 和图 2-5 所示。

图 2-4 某裙房剖面示意

图 2-5 某裙房立面示意

2.1.3 重要公共建筑 important public building
发生火灾可能造成重大人员伤亡、财产损失和严重社会影响的公共建筑。

【条文释义】 重要公共建筑是指人员密集、发生火灾后伤亡大、损失大、影响大的公共建筑。人员密集的公共建筑主要指设置有同一时间内聚集人数超过 50 人的公共活动场所的建筑，如宾馆、饭店、商场、市场、体育场馆、会堂、公共展览馆的展览厅，证券交易厅，公共娱乐场所，医院的门诊楼、病房楼，养老院，托儿所，幼儿园，学校的教学楼、图书馆和集体宿舍，公共图书馆的阅览室，客运车站、码头，民用机场的候车、候船、候机厅（楼）等。但并非所有人员密集的建筑都是重要公共建筑。

2.1.4　商业服务网点　commercial facilities

设置在住宅建筑的首层或首层及二层，每个分隔单元建筑面积不大于300m² 的商店、邮政所、储蓄所、理发店等小型营业性用房。

【条文释义】　商业服务网点如图2-6与图2-7所示。

图2-6　首层及二层为商业服务网点的住宅建筑示意

图2-7　首层为商业服务网点的住宅建筑示意

2.1.5　高架仓库　high rack storage

货架高度大于7m且采用机械化操作或自动化控制的货架仓库。

【条文释义】　这种仓库利用多种物料搬运机械进行搬运、堆垛和存取作业。仓库货架是多层的，而且很高，所以空间利用率较好，适用于多品种货物的储存。利用电子计算机控制高架仓库的货物入库、存取、出库等整个过程，可实现仓库作业的全面自动化，使高架仓库不再是单纯保管和收发货物的场所，而成为组织和协调生产的一个重要部门。

2.1.6 半地下室 semi-basement
房间地面低于室外设计地面的平均高度大于该房间平均净高 1/3，且不大于 1/2 者。

【条文释义】 半地下室如图 2-8 所示。

$$H/3 < h \leqslant H/2$$

图 2-8 某半地下室剖面示意

2.1.7 地下室 basement
房间地面低于室外设计地面的平均高度大于该房间平均净高 1/2 者。

【条文释义】 地下室如图 2-9 所示。

$$h > H/2$$

图 2-9 某地下室剖面示意

2.1.8 明火地点 open flame location

室内外有外露火焰或赤热表面的固定地点（民用建筑内的灶具、电磁炉等除外）。

【条文释义】 不可称为明火地点的地方如图2-10和图2-11所示。

图 2-10 民用建筑内的灶具

图 2-11 电磁炉

2.1.9 散发火花地点 sparking site

有飞火的烟囱或进行室外砂轮、电焊、气焊、气割等作业的固定地点。

【条文释义】 甲类车间和甲类仓库与散发火花地点的间距不应小于30m，注意厂区内设置的锅炉、烟囱、机修间等。

2.1.10 耐火极限 fire resistance rating

在标准耐火试验条件下，建筑构件、配件或结构从受到火的作用时起，至失去承载能力、完整性或隔热性时止所用时间，用小时表示。

2.1.11 防火隔墙 fire partition wall

建筑内防止火灾蔓延至相邻区域且耐火极限不低于规定要求的不燃性墙体。

【条文释义】 防火隔墙如图2-12所示。

图 2-12 防火隔墙

2.1.12 防火墙 fire wall

防止火灾蔓延至相邻建筑或相邻水平防火分区且耐火极限不低于3.00h的不燃性墙体。

2.1.13　避难层（间）　refuge floor（room）
建筑内用于人员暂时躲避火灾及其烟气危害的楼层（房间）。

【条文释义】　避难层如图 2-13 所示。

图 2-13　避难层示意

2.1.14　安全出口　safety exit
供人员安全疏散用的楼梯间和室外楼梯的出入口或直通室内外安全区域的出口。

【条文释义】　常见安全出口如图 2-14 所示。

图 2-14　常见安全出口示意

2.1.15　封闭楼梯间　enclosed staircase
在楼梯间入口处设置门，以防止火灾的烟和热气进入的楼梯间。

【条文释义】 封闭楼梯间如图 2-15 所示。

2.1.16 防烟楼梯间 smoke-proof staircase

在楼梯间入口处设置防烟的前室、开敞式阳台或凹廊（统称前室）等设施，且通向前室和楼梯间的门均为防火门，以防止火灾的烟和热气进入的楼梯间。

【条文释义】 防烟楼梯间如图 2-16 所示。

图 2-15　封闭楼梯间示意　　　　　　　　图 2-16　防烟楼梯间示意

2.1.17 避难走道 exit passageway

采取防烟措施且两侧设置耐火极限不低于 3.00h 的防火隔墙，用于人员安全通行至室外的走道。

【条文释义】 避难走道如图 2-17 所示。

图 2-17　避难走道示意

2.1.18 闪点 flash point

在规定的试验条件下，可燃性液体或固体表面产生的蒸气与空气形成的混合物，遇火源能够闪燃的液体或固体的最低温度（采用闭杯法测定）。

【条文释义】 闪点又叫闪燃点，是指可燃性液体表面上的蒸气和空气的混合物与火接触而初次发生闪光时的温度。各种油品的闪点可通过标准仪器测定。闪点温度比着火点温度低些。燃点又叫着火点，是指可燃性液体表面上的蒸气和空气的混合物与火接触而发生火焰能继续燃烧不少于5s时的温度。可在测定闪点后继续在同一标准仪器中测定。可燃性液体的闪点和燃点表明其发生爆炸或火灾的可能性的大小，对运输、储存和使用的安全有极大关系。

2.1.19 爆炸下限 lower explosion limit

可燃的蒸气、气体或粉尘与空气组成的混合物，遇火源即能发生爆炸的最低浓度。

【条文释义】 易燃气体或易燃液体的蒸气与空气的混合物可以被点燃爆鸣的最低浓度，以体积百分数表示。国际上规定，爆炸下限低于13%的气体为易燃气体。如氢气的爆炸下限为4%，乙烷的为3%，乙炔为2.5%，可见乙炔的燃爆性比乙烷和氢气更强。

2.1.20 沸溢性油品 boil-over oil

含水并在燃烧时可产生热波作用的油品。

【条文释义】 沸溢性油品如原油、渣油、重油等。这类油品含水率一般为0.3%～4.0%。

2.1.21 防火间距 fire separation distance

防止着火建筑在一定时间内引燃相邻建筑，便于消防扑救的间隔距离。
注：防火间距的计算方法应符合本规范附录B的规定。

【条文释义】 防火间距如图2-18所示。

图 2-18 防火间距示意

2.1.22 防火分区 fire compartment

在建筑内部采用防火墙、楼板及其他防火分隔设施分隔而成，能在一定时间内防止火灾向同一建筑的其余部分蔓延的局部空间。

【条文释义】 防火分区如图2-19和图2-20所示。

| 图 2-19 防火分区示意（1） | 图 2-20 防火分区示意（2） |

2.1.23 充实水柱　full water spout

从水枪喷嘴起至射流 90% 的水柱水量穿过直径 380mm 圆孔处的一段射流长度。

【条文释义】　充实水柱如图 2-21 所示。

图 2-21　充实水柱示意

2.2　符　　号

A ——泄压面积；

C ——泄压比；

D ——储罐的直径；

DN ——管道的公称直径；

ΔH ——建筑高差；

L ——隧道的封闭段长度；

N ——人数；

n ——座位数；

K ——爆炸特征指数；

V ——建筑物、堆场的体积，储罐、瓶组的容积或容量；

W ——可燃材料堆场或粮食筒仓、席穴囤、土圆仓的储量。

3 厂房和仓库

3.1 火灾危险性分类

3.1.1 生产的火灾危险性应根据生产中使用或产生的物质性质及其数量等因素划分，可分为甲、乙、丙、丁、戊类，并应符合表 3.1.1 的规定。

表 3.1.1 生产的火灾危险性分类

生产的火灾危险性类别	使用或产生下列物质生产的火灾危险性特征
甲	1. 闪点小于 28℃的液体； 2. 爆炸下限小于 10% 的气体； 3. 常温下能自行分解或在空气中氧化能导致迅速自燃或爆炸的物质； 4. 常温下受到水或空气中水蒸气的作用，能产生可燃气体并引起燃烧或爆炸的物质； 5. 遇酸、受热、撞击、摩擦、催化以及遇到有机物或硫黄等易燃的无机物，极易引起燃烧或爆炸的强氧化剂； 6. 受撞击、摩擦或与氧化剂、有机物接触时能引起燃烧或爆炸的物质； 7. 在密闭设备内操作温度不小于物质本身自燃点的生产
乙	1. 闪点不小于 28℃，但小于 60℃的液体； 2. 爆炸下限不小于 10% 的气体； 3. 不属于甲类的氧化剂； 4. 不属于甲类的易燃固体； 5. 助燃气体； 6. 能与空气形成爆炸混合物的浮游状态的粉尘、纤维、闪点不小于 60℃的液体雾滴
丙	1. 闪点不小于 60℃的液体； 2. 可燃固体
丁	1. 对不燃烧物质进行加工，并在高温或熔化状态下经常产生强辐射热、火花或火焰的生产； 2. 利用气体、液体、固体作为燃料或将气体、液体进行燃烧作其他用的各种生产； 3. 常温下使用或加工难燃烧物质的生产
戊	常温下使用或加工不燃烧物质的生产

3.1.2 同一座厂房或厂房的任一防火分区内有不同火灾危险性生产时，厂房或防火分区内的生产火灾危险性类别应按火灾危险性较大的部分确定；当生产过程中使用或产生易燃、可燃物的量较少，不足以构成爆炸或火灾危险时，可按实际情况确定；当符合下述条件之一时，可按火灾危险性较小的部分确定。

【条文释义】 危险性分类如图 3-1 所示。

图 3-1　危险性分类示意

注：应按火灾危险性较大的部分确定危险性分类

1 火灾危险性较大的生产部分占本层或本防火分区建筑面积的比例小于 5% 或丁、戊类厂房内的油漆工段小于 10%，且发生火灾事故时不足以蔓延至其他部位或火灾危险性较大的生产部分采取了有效的防火措施。

【条文释义】 火灾危险性类别如图 3-2 所示。

F_1 为厂房或防火分区的面积
F_2 为火灾危险性较大的生产部分的面积

F_2 火灾危险性较大的生产部分

F_1

火灾危险性较小的部分

图 3-2　火灾危险性类别示意

注：当同时满足下列要求时，可按火灾危险性较小的部分确定其火灾危险性类别：
(1) $F_2 < 5\% F_1$ 或 $F_2 < 10\% F_1$（丁、戊类厂房的油漆工段）；
(2) 且发生火灾时不足以蔓延至其他部位

2 丁、戊类厂房内的油漆工段，当采用封闭喷漆工艺，封闭喷漆空间内保持负压、油漆工段设置可燃气体探测报警系统或自动抑爆系统，且油漆工段占所在防火分区建筑面积的比例不大于 20%。

【条文释义】 丁、戊类厂房内的油漆工段如图 3-3 所示。

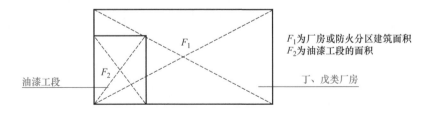

F_1

F_1 为厂房或防火分区建筑面积
F_2 为油漆工段的面积

油漆工段

F_2

丁、戊类厂房

图 3-3　丁、戊类厂房内的油漆工段示意

注：当油漆工段同时满足下列条件时，可按丁、戊类厂房确定危险性等级和确定生产火灾危险性分类：
(1) 采用封闭喷漆工艺；(2) 保持封闭喷漆空间内的负压；(3) 设置可燃气体自动报警系统
或自动抑爆系统；(4) $F_2 \leq 20\% F_1$ 时

3.1.3 储存物品的火灾危险性应根据储存物品的性质和储存物品中的可燃物数量等因素划分，可分为甲、乙、丙、丁、戊类，并应符合表 3.1.3 的规定。

表 3.1.3 存储物品的火灾危险性分类

储存物品的火灾危险性类别	储存物品的火灾危险性特征
甲	1. 闪点小于 28℃ 的液体； 2. 爆炸下限小于 10% 的气体，受到水或空气中水蒸气的作用能产生爆炸下限小于 10% 气体的固体物质； 3. 常温下能自行分解或在空气中氧化能导致迅速自燃或爆炸的物质； 4. 常温下受到水或空气中水蒸气的作用，能产生可燃气体并引起燃烧或爆炸的物质； 5. 遇酸、受热、撞击、摩擦以及遇有机物或硫黄等易燃的无机物，极易引起燃烧或爆炸的强氧化剂； 6. 受撞击、摩擦或与氧化剂、有机物接触时能引起燃烧或爆炸的物质
乙	1. 闪点不小于 28℃，但小于 60℃ 的液体； 2. 爆炸下限不小于 10% 的气体； 3. 不属于甲类的氧化剂； 4. 不属于甲类的易燃固体； 5. 助燃气体； 6. 常温下与空气接触能缓慢氧化，积热不散引起自燃的物品
丙	1. 闪点不小于 60℃ 的液体； 2. 可燃固体
丁	难燃烧物品
戊	不燃烧物品

3.1.4 同一座仓库或仓库的任一防火分区内储存不同火灾危险性物品时，仓库或防火分区的火灾危险性应按火灾危险性最大的物品确定。

【条文释义】 仓库或防火分区火灾危险性的确定如图 3-4 所示。

储存火灾危险性较小的物品　　　　储存火灾危险性较大的物品

图 3-4 仓库或防火分区火灾危险性的确定示意

注：应按储存火灾危险性最大的类别确定其火灾危险性分类

3.1.5 丁、戊类储存物品仓库的火灾危险性，当可燃包装重量大于物品本身重量 1/4 或可燃包装体积大于物品本身体积的 1/2 时，应按丙类确定。

【条文释义】 丁、戊类储存物品仓库火灾危险性的确定如图 3-5 所示。

图 3-5 丁、戊类储存物品仓库火灾危险性的确定示意

3.2 厂房和仓库的耐火等级

3.2.1 厂房和仓库的耐火等级可分为一、二、三、四级，相应建筑构件的燃烧性能和耐火极限，除本规范另有规定外，不应低于表 3.2.1 的规定。

表 3.2.1 不同耐火等级厂房和仓库建筑构件的燃烧性能和耐火极限（h）

构件名称		耐火等级			
		一级	二级	三级	四级
墙	防火墙	不燃性 3.00	不燃性 3.00	不燃性 3.00	不燃性 3.00
	承重墙	不燃性 3.00	不燃性 2.50	不燃性 2.00	难燃性 0.50
	楼梯间和前室的墙 电梯井的墙	不燃性 2.00	不燃性 2.00	不燃性 1.50	难燃性 0.50
	疏散走道两侧的隔墙	不燃性 1.00	不燃性 1.00	不燃性 0.50	难燃性 0.25
	非承重外墙房间隔墙	不燃性 0.75	不燃性 0.50	难燃性 0.50	难燃性 0.25
柱		不燃性 3.00	不燃性 2.50	不燃性 2.00	难燃性 0.50
梁		不燃性 2.00	不燃性 1.50	不燃性 1.00	难燃性 0.50
楼板		不燃性 1.50	不燃性 1.00	不燃性 0.75	难燃性 0.50
屋顶承重构件		不燃性 1.50	不燃性 1.00	难燃性 0.50	可燃性
疏散楼梯		不燃性 1.50	不燃性 1.00	不燃性 0.75	可燃性
吊顶（包括吊顶搁栅）		不燃性 0.25	不燃性 0.25	难燃性 0.15	可燃性

注：二级耐火等级建筑内采用不燃材料的吊顶，其耐火极限不限。

3.2.2 高层厂房，甲、乙类厂房的耐火等级不应低于二级，建筑面积不大于 300m² 的独立甲、乙类单层厂房可采用三级耐火等级的建筑。

【条文释义】 建筑面积不大于300m²的独立甲、乙类单层厂房如图3-6所示。

图 3-6   建筑面积不大于 300m² 的独立甲、乙类单层厂房示意

3.2.3 单、多层丙类厂房和多层丁、戊类厂房的耐火等级不应低于三级。

使用或产生丙类液体的厂房和有火花、赤热表面、明火的丁类厂房，其耐火等级均不应低于二级；当为建筑面积不大于500m²的单层丙类厂房或建筑面积不大于1000m²的单层丁类厂房时，可采用三级耐火等级的建筑。

【条文释义】 单、多层丙类厂房和多层丁、戊类厂房的耐火等级如图 3-7 和图 3-8 所示。

图 3-7   单、多层丙类厂房和多层丁、戊类厂房的耐火等级示意

图 3-8   丙类液体的厂房和有火花、赤热表面、明火的

丁类厂房的耐火等级示意

3.2.4 使用或储存特殊贵重的机器、仪表、仪器等设备或物品的建筑，其耐火等级不应低于二级。

【条文释义】 储存特殊贵重的机器、仪表、仪器等设备或物品的建筑的耐火等级如图 3-9 所示。

使用或储存特殊贵重的机器、仪表、仪器等
设备或物品的建筑，其耐火等级不应为低于二级

图 3-9 储存特殊贵重的机器、仪表、仪器等设备或物品的建筑的耐火等级示意

3.2.5 锅炉房的耐火等级不应低于二级，当为燃煤锅炉房且锅炉的总蒸发量不大于 4t/h 时，可采用三级耐火等级的建筑。

【条文释义】 锅炉房的耐火等级如图 3-10 所示。

当为燃煤锅炉房且锅炉的总蒸发
量不大于 4t/h 时，可采用三级耐
火等级的建筑

锅炉房的耐火等
级不应低于二级

图 3-10 锅炉房的耐火等级示意

3.2.6 油浸变压器室、高压配电装置室的耐火等级不应低于二级，其他防火设计应符合现行国家标准《火力发电厂与变电站设计防火规范》GB 50229 等标准的规定。

【条文释义】 本条规定了油浸变压器室和高压配电装置室的防火分隔要求。

（1）油浸变压器是一种多油电器设备。当它长期超负荷运行或发生故障产生电弧时，易使油温过高而起火或产生电弧使油剧烈气化，可能使变压器外壳爆裂酿成火灾，因此，运行中的变压器存在有燃烧或爆裂的可能。

二级耐火等级建筑的屋顶承重构件耐火极限为 1.00h，可以调整采用无保护的金属

结构，其耐火极限仅 0.25h。从变压器的火灾事故看，这样短的耐火时间很难保证结构的安全。

（2）对于干式或非燃液体的变压器，因其火灾危险性小，不易发生爆炸，故未作限制。

（3）当几台变压器安装在一个房间时，如其中一台变压器发生故障或爆裂，将会波及其余的变压器，使灾情扩大。故在条件允许时，对大型变压器尽量进行防火分隔。

3.2.7 高架仓库、高层仓库、甲类仓库、多层乙类仓库和储存可燃液体的多层丙类仓库，其耐火等级不应低于二级。

单层乙类仓库，单层丙类仓库，储存可燃固体的多层丙类仓库和多层丁、戊类仓库，其耐火等级不应低于三级。

3.2.8 粮食筒仓的耐火等级不应低于二级；二级耐火等级的粮食筒仓可采用钢板仓。

粮食平房仓的耐火等级不应低于三级；二级耐火等级的散装粮食平房仓可采用无防火保护的金属承重构件。

【条文释义】 粮食筒仓的耐火等级如图 3-11 所示。

图 3-11　粮食筒仓的耐火等级示意

3.2.9 甲、乙类厂房和甲、乙、丙类仓库内的防火墙，其耐火极限不应低于 4.00h。

【条文释义】 甲、乙类厂房和甲、乙、丙类仓库内的防火墙如图 3-12 所示。

图 3-12　甲、乙类厂房和甲、乙、丙类仓库内的防火墙示意

3.2.10 一、二级耐火等级单层厂房（仓库）的柱，其耐火极限分别不应低于 2.50h 和 2.00h。

3.2.11 采用自动喷水灭火系统全保护的一级耐火等级单、多层厂房（仓库）的屋顶承重构件，其耐火极限不应低于 1.00h。

3.2.12 除甲、乙类仓库和高层仓库外，一、二级耐火等级建筑的非承重外墙，当采用不燃性墙体时，其耐火极限不应低于 0.25h；当采用难燃性墙体时，不应低于 0.50h。

 4 层及 4 层以下的一、二级耐火等级丁、戊类地上厂房（仓库）的非承重外墙，当采用不燃性墙体时，其耐火极限不限。

【条文释义】 一、二级耐火等级建筑的非承重外墙如图 3-13 所示。

图 3-13　一、二级耐火等级建筑的非承重外墙示意

3.2.13 二级耐火等级厂房（仓库）内的房间隔墙，当采用难燃性墙体时，其耐火极限应提高 0.25h。

【条文释义】 二级耐火等级厂房（仓库）内房间隔墙如图 3-14 所示。

图 3-14　二级耐火等级厂房（仓库）内房间隔墙示意

3.2.14 二级耐火等级多层厂房和多层仓库内采用预应力钢筋混凝土的楼板，其耐火极限不应低于 0.75h。

【条文释义】 二级耐火等级多层厂房和多层仓库如图 3-15 所示。

当采用预应力钢筋混凝土楼板时，楼板耐火极限应≥0.75h

图 3-15　二级耐火等级多层厂房和多层仓库示意

3.2.15 一、二级耐火等级厂房（仓库）的上人平屋顶，其屋面板的耐火极限分别不应低于 1.50h 和 1.00h。

【条文释义】 一、二级耐火等级厂房（仓库）如图 3-16 所示。

上人平屋顶，其屋面板的耐火极限应为：
一级耐火等级建筑≥1.50h
二级耐火等级建筑≥1.00h

图 3-16　一、二级耐火等级厂房（仓库）示意

3.2.16 一、二级耐火等级厂房（仓库）的屋面板应采用不燃材料。
　　屋面防水层宜采用不燃、难燃材料；当采用可燃防水材料且铺设在可燃、难燃保温材料上时，防水材料或可燃、难燃保温材料应采用不燃材料作为防护层。

【条文释义】 一、二级耐火等级厂房（仓库）的屋面板如图 3-17 所示。

3.2.17 建筑中的非承重外墙、房间隔墙和屋面板，当确需采用金属夹芯板材时，其芯材应为不燃材料，且耐火极限应符合本规范有关规定。

【条文释义】 建筑中的非承重外墙、房间隔墙和屋面板如图 3-18 所示。

屋面防水层宜采用不燃、难燃材料

屋面板应采用不燃材料

金属夹芯板材墙面板

内填充材料应为不燃材料，且耐火极限应符合本规范有关规定

金属夹芯板材屋面板

内填充材料应为不燃材料，且耐火极限应符合本规范有关规定

图 3-17　一、二级耐火等级厂房（仓库）的屋面板　　图 3-18　建筑中的非承重外墙、房间隔墙和屋面板

3.2.18 除本规范另有规定外，以木柱承重且墙体采用不燃材料的厂房（仓库），其耐火等级可按四级确定。

【条文释义】 以木柱承重且墙体采用不燃材料的厂房（仓库）如图 3-19 所示。

图 3-19　以木柱承重且墙体采用不燃材料的厂房（仓库）示意

3.2.19 预制钢筋混凝土构件的节点外露部位，应采取防火保护措施，且节点的耐火极限不应低于相应构件的耐火极限。

【条文释义】 预制钢筋混凝土构件的节点外露部位如图 3-20 所示。

图 3-20　预制钢筋混凝土构件的节点外露部位示意

3.3　厂房或仓库的层数、面积和平面布置

3.3.1 除本规范另有规定外，厂房的层数和每个防火分区的最大允许建筑面积应符合表 3.3.1 的规定。

表 3.3.1　厂房的层数和每个防火分区的最大允许建筑面积

生产的火灾危险性类别	厂房的耐火等级	最多允许层数	每个防火分区的最大允许建筑面积 /m²			
			单层厂房	多层厂房	高层厂房	地下或半地下厂房（包括地下或半地下室）
甲	一级	宜采用单层	4000	3000	—	—
	二级		3000	2000	—	—
乙	一级	不限	5000	4000	2000	—
	二级	6	4000	3000	1500	—

生产的火灾危险性类别	厂房的耐火等级	最多允许层数	每个防火分区的最大允许建筑面积/m²			
			单层厂房	多层厂房	高层厂房	地下或半地下厂房（包括地下或半地下室）
丙	一级	不限	不限	6000	3000	500
	二级	不限	8000	4000	2000	500
	三级	2	3000	2000	—	—
丁	一、二级	不限	不限	不限	4000	1000
	三级	3	4000	2000	—	—
	四级	1	1000	—	—	—
戊	一、二级	不限	不限	不限	6000	1000
	三级	3	5000	3000	—	—
	四级	1	1500	—	—	—

注：1 防火分区之间应采用防火墙分隔。除甲类厂房外的一、二级耐火等级厂房，当其防火分区的建筑面积大于本表规定，且设置防火墙确有困难时，可采用防火卷帘或防火分隔水幕分隔。采用防火卷帘时，应符合本规范第6.5.3条的规定；采用防火分隔水幕时，应符合现行国家标准《自动喷水灭火系统设计规范》GB 50084 的规定。

2 除麻纺厂房外，一级耐火等级的多层纺织厂房和二级耐火等级的单、多层纺织厂房，其每个防火分区的最大允许建筑面积可按本表的规定增加0.5倍，但厂房内的原棉开包、清花车间与厂房内其他部位之间均应采用耐火极限不低于2.50h 的防火隔墙分隔，需要开设门、窗、洞口时，应设置甲级防火门、窗。

3 一、二级耐火等级的单、多层造纸生产联合厂房，其每个防火分区的最大允许建筑面积可按本表的规定增加1.5倍。一、二级耐火等级的湿式造纸联合厂房，当纸机烘缸罩内设置自动灭火系统，完成工段设置有效灭火设施保护时，其每个防火分区的最大允许建筑面积可按工艺要求确定。

4 一、二级耐火等级的谷物筒仓工作塔，当每层工作人数不超过2人时，其层数不限。

5 一、二级耐火等级卷烟生产联合厂房内的原料、备料及成组配方、制丝、储丝和卷接包、辅料周转、成品暂存、二氧化碳膨胀烟丝等生产用房应划分独立的防火分隔单元，当工艺条件许可时，应采用防火墙进行分隔。其中制丝、储丝和卷接包车间可划分为一个防火分区，且每个防火分区的最大允许建筑面积可按工艺要求确定，但制丝、储丝及卷接包车间之间应采用耐火极限不低于2.00h 的防火隔墙和1.00h 的楼板进行分隔。厂房内各水平和竖向防火分隔之间的开口应采取防止火灾蔓延的措施。

6 厂房内的操作平台、检修平台，当使用人数少于10人时，平台的面积可不计入所在防火分区的建筑面积内。

7 "—"表示不允许。

3.3.2 除本规范另有规定外，仓库的层数和面积应符合表3.3.2的规定。

表3.3.2 仓库的层数和面积

储存物品的火灾危险性类别		仓库的耐火等级	最多允许层数	每座仓库的最大允许占地面积和每个防火分区的最大允许建筑面积/m²						
				单层仓库		多层仓库		高层仓库		地下或半地下仓库（包括地下或半地下室）
				每座仓库	防火分区	每座仓库	防火分区	每座仓库	防火分区	防火分区
甲	3、4项	一级	1	180	60	—	—	—	—	—
	1、2、5、6项	一、二级	1	750	250	—	—	—	—	—
乙	1、3、4项	一、二级	3	2000	500	900	300	—	—	—
		三级	1	500	250	—	—	—	—	—
	2、5、6项	一、二级	5	2800	700	1500	500	—	—	—
		三级	1	900	300	—	—	—	—	—
丙	1项	一、二级	5	4000	1000	2800	700	—	—	150
		三级	1	1200	400	—	—	—	—	—
	2项	一、二级	不限	6000	1500	4800	1200	4000	1000	300
		三级	3	2100	700	1200	400	—	—	—

储存物品的火灾危险性类别	仓库的耐火等级	最多允许层数	每座仓库的最大允许占地面积和每个防火分区的最大允许建筑面积 /m²						
			单层仓库		多层仓库		高层仓库		地下或半地下仓库（包括地下或半地下室）
			每座仓库	防火分区	每座仓库	防火分区	每座仓库	防火分区	防火分区
丁	一、二级	不限	不限	3000	不限	1500	4800	1200	500
	三级	3	3000	1000	1500	500	—	—	—
	四级	1	2100	700	—	—	—	—	—
戊	一、二级	不限	不限	不限	不限	2000	6000	1500	1000
	三级	3	3000	1000	2100	700	—	—	—
	四级	1	2100	700	—	—	—	—	—

注：1 仓库内的防火分区之间必须采用防火墙分隔，甲、乙类仓库内防火分区之间的防火墙不应开设门、窗、洞口；地下或半地下仓库（包括地下或半地下室）的最大允许占地面积，不应大于相应类别地上仓库的最大允许占地面积。

2 石油库区内的桶装油品仓库应符合现行国家标准《石油库设计规范》（GB 50074）的规定。

3 一、二级耐火等级的煤均化库，每个防火分区的最大允许建筑面积不应大于12000m²。

4 独立建造的硝酸铵仓库、电石仓库、聚乙烯等高分子制品仓库、尿素仓库、配煤仓库、造纸厂的独立成品仓库，当建筑的耐火等级不低于二级时，每座仓库的最大允许占地面积和每个防火分区的最大允许建筑面积可按本表的规定增加1.0倍。

5 一、二级耐火等级粮食平房仓的最大允许占地面积不应大于12000m²，每个防火分区的最大允许建筑面积不应大于3000m²；三级耐火等级粮食平房仓的最大允许占地面积不应大于3000m²，每个防火分区的最大允许建筑面积不应大于1000m²。

6 一、二级耐火等级且占地面积不大于2000m²的单层棉花库房，其防火分区的最大允许建筑面积不应大于2000m²。

7 一、二级耐火等级冷库的最大允许占地面积和防火分区的最大允许建筑面积，应符合现行国家标准《冷库设计规范》（GB 50072）的规定。

8 "—"表示不允许。

3.3.3 厂房内设置自动灭火系统时，每个防火分区的最大允许建筑面积可按本规范第3.3.1条的规定增加1.0倍。当丁、戊类的地上厂房内设置自动灭火系统时，每个防火分区的最大允许建筑面积不限。厂房内局部设置自动灭火系统时，其防火分区的增加面积可按该局部面积的1.0倍计算。

仓库内设置自动灭火系统时，除冷库的防火分区外，每座仓库的最大允许占地面积和每个防火分区的最大允许建筑面积可按本规范第3.3.2条的规定增加1.0倍。

【条文释义】 本条规定了厂房（仓库）内设置自动灭火系统后，其防火分区的建筑面积及仓库的占地面积的调整要求。

在防火分区内设有自动灭火系统时，能及时控制和扑灭初期火灾，有效地控制火势蔓延，使厂房（仓库）的消防安全度大为提高。自动灭火系统为世界上许多国家广泛应用，也为国内一些实践所证实。故本条为平衡主动防火与被动防火措施之间的利益而规定：设有自动灭火系统的厂房，每个防火分区的建筑面积可以增加，甲、乙、丙类厂房比《建筑设计防火规范》（GB 50016—2014）（2018年版）第3.3.1条及表3.3.1规定的面积增加1.0倍，纺织厂房可在《建筑设计防火规范》（GB 50016—2014）（2018年版）第3.3.1条表3.3.1注2的基础上再增加1.0倍，丁、戊类厂房不限。如局部设置，增加的面积只能按该局部面积的1.0倍计算。

3.3.4 甲、乙类生产场所（仓库）不应设置在地下或半地下。

【条文释义】 甲、乙类生产场所（仓库）如图 3-21 所示。

图 3-21 甲、乙类生产场所（仓库）

3.3.5 员工宿舍严禁设置在厂房内。

【条文释义】 员工宿舍严禁设置在厂房内，如图 3-22 和图 3-23 所示。

图 3-22 员工宿舍设置位置禁忌示意（1）   图 3-23 员工宿舍设置位置禁忌示意（2）

办公室、休息室等不应设置在甲、乙类厂房内，确需贴邻本厂房时，其耐火等级不应低于二级，并应采用耐火极限不低于 3.00h 的防爆墙与厂房分隔，且应设置独立的安全出口。

【条文释义】 办公室、休息室设置禁忌如图 3-24 所示。

图 3-24 办公室、休息室设置禁忌示意

办公室、休息室设置在丙类厂房内时，应采用耐火极限不低于 2.50h 的防火隔墙和 1.00h 的楼板与其他部位分隔，并应至少设置 1 个独立的安全出口。如隔墙上需开设相互连通的门时，应采用乙级防火门。

【条文释义】 办公室、休息室设置在丙类厂房内时的设置要点如图 3-25 所示。

图 3-25　办公室、休息室设置在丙类厂房内时的设置要点示意

3.3.6 厂房内设置中间仓库时，应符合下列规定：
1 甲、乙类中间仓库应靠外墙布置，其储量不宜超过 1 昼夜的需要量；

【条文释义】 甲、乙类中间仓库设置要点如图 3-26 所示。

图 3-26　甲、乙类中间仓库设置要点示意

2 甲、乙、丙类中间仓库应采用防火墙和耐火极限不低于 1.50h 的不燃性楼板与其他部位分隔；

【条文释义】 甲、乙、丙类中间仓库防火墙和耐火等级如图 3-27 和图 3-28 所示。

图 3-27　甲、乙、丙类中间仓库防火墙示意

图 3-28　甲、乙、丙类中间仓库耐火等级示意

3 丁、戊类中间仓库应采用耐火极限不低于 2.00h 的防火隔墙和 1.00h 的楼板与其他部位分隔；

【条文释义】 丁、戊类中间仓库设置要点如图 3-29 和图 3-30 所示。

图 3-29 丁、戊类中间仓库设置要点示意（1）

图 3-30 丁、戊类中间仓库设置要点示意（2）

4 仓库的耐火等级和面积应符合本规范第 3.3.2 条和第 3.3.3 条的规定。

3.3.7 厂房内的丙类液体中间储罐应设置在单独房间内，其容量不应大于 5m³。设置中间储罐的房间，应采用耐火极限不低于 3.00h 的防火隔墙和 1.50h 的楼板与其他部位分隔，房间门应采用甲级防火门。

【条文释义】 厂房内的丙类液体中间储罐设置要点如图 3-31 所示。

图 3-31 厂房内的丙类液体中间储罐设置要点示意

3.3.8 变、配电站不应设置在甲、乙类厂房内或贴邻，且不应设置在爆炸性气体、粉尘环境的危险区域内。供甲、乙类厂房专用的 10kV 及以下的变、配电站，当采用无门、窗、洞口的防火墙分隔时，可一面贴邻，并应符合现行国家标准《爆炸危险环境电力装置设计规范》GB 50058 等标准的规定。

乙类厂房的配电站确需在防火墙上开窗时，应采用甲级防火窗。

【条文释义】 变、配电站设置要点如图 3-32～图 3-34 所示。

图 3-32 甲、乙类厂房的配电站设置要点示意（1）

图 3-33 甲、乙类厂房的配电站设置要点示意（2）

图 3-34 乙类厂房的配电站设置要点示意

3.3.9 员工宿舍严禁设置在仓库内。

【条文释义】 员工宿舍严禁设置在仓库内，如图 3-35 所示。

(a) 剖面图   (b) 平面图

图 3-35　员工宿舍严禁设置在仓库内

办公室、休息室等严禁设置在甲、乙类仓库内，也不应贴邻。

【条文释义】 办公室、休息室在甲、乙类仓库内的设置禁忌如图 3-36 所示。

图 3-36　办公室、休息室在甲、乙类仓库内的设置禁忌

办公室、休息室设置在丙、丁类仓库内时，应采用耐火极限不低于 2.50h 的防火隔墙和 1.00h 的楼板与其他部位分隔，并设置独立的安全出口。隔墙上需开设相互连通的门时，应采用乙级防火门。

【条文释义】 办公室、休息室在丙、丁类仓库内的设置禁忌如图 3-37 所示。

图 3-37　办公室、休息室在丙、丁类仓库内的设置禁忌示意

3.3.10 物流建筑的防火设计应符合下列规定：

1 当建筑功能以分拣、加工等作业为主时，应按本规范有关厂房的规定确定，其中仓储部分应按中间仓库确定。

2 当建筑功能以仓储为主或建筑难以区分主要功能时，应按本规范有关仓库的规定确定，但当分拣等作业区采用防火墙与储存区完全分隔时，作业区和储存区的防火要求可分别按本规范有关厂房和仓库的规定确定。其中，当分拣等作业区采用防火墙与储存区完全分隔且符合下列条件时，除自动化控制的丙类高架仓库外，储存区的防火分区最大允许建筑面积和储存区部分建筑的最大允许占地面积，可按本规范表 3.3.2（不含注）的规定增加 3.0 倍。

【条文释义】 物流建筑的防火设计要点如图 3-38 ～ 图 3-40 所示。

图 3-38　储存型物流建筑的防火设计平面示意

图 3-39　作业型物流建筑的防火设计平面示意

注：防火分区要根据其生产加工的火灾危险性按本规范对相关的火灾
危险性类别厂房的规定进行划分

1）储存除可燃液体、棉、麻、丝、毛及其他纺织品、泡沫塑料等物品外的丙类物品且建筑的耐火等级不低于一级；

2）储存丁、戊类物品且建筑的耐火等级不低于二级；

3）建筑内全部设置自动水灭火系统和火灾自动报警系统。

储存区防火分区最大允许建筑面积和储存区部分建筑的最大允许占地面积，可按本规范表3.3.2(不含注)的规定增加3.0倍(自动化控制的丙类高架仓库除外)

(1)储存除可燃液体、棉、麻、丝、毛及其他纺织品、泡沫塑料等物品外的丙类物品且建筑的耐火等级不低于一级
(2)储存丁、戊类物品且建筑的耐火等级不低于二级
(3)建筑内全部设置自动水灭火系统和火灾自动报警系统

图 3-40   储存区防火分区设计示意

3.3.11   甲、乙类厂房（仓库）内不应设置铁路线。

【条文释义】   甲、乙类厂房（仓库）设置禁忌如图 3-41 所示。

甲、乙类仓库内
不应设置铁路线

图 3-41   甲、乙类仓库设置禁忌示意

需要出入蒸汽机车和内燃机车的丙、丁、戊类厂房（仓库），其屋顶应采用不燃材料或采取其他防火措施。

【条文释义】   本条规定了厂房（仓库）与铁路线的防火要求。

（1）多年的实践证明，本条的规定合理、可行。甲、乙类厂房（仓库），其生产和使用或储存的物品，大多数是易燃易爆物品，有的在一定条件下会散发出可燃气体、可燃蒸气，当其与空气混合达到一定浓度时，遇到明火会发生燃烧爆炸。

（2）考虑到蒸汽机车和内燃机车的烟囱常常喷出火星，如屋顶结构为燃烧体时，火灾危险性大。为了保障建筑的消防安全，如蒸汽机车和内燃机车需要进入丙、丁、戊类厂房、仓库内时，则厂房（仓库）的屋顶（屋架以上的全部屋顶构件）必须采用钢筋混凝土、钢等不燃烧体结构或对可燃结构进行防火处理（如外包覆不燃材料或涂防火涂料等）。

3.4　厂房的防火间距

3.4.1　除本规范另有规定外，厂房之间及与乙、丙、丁、戊类仓库、民用建筑等的防火间距不应小于表 3.4.1 的规定，与甲类仓库的防火间距应符合本规范第 3.5.1 条的规定。

表 3.4.1　厂房之间及与乙、丙、丁、戊类仓库、民用建筑等的防火间距（m）

名称			甲类厂房 单、多层	乙类厂房（仓库）		丙、丁、戊类厂房（仓库）				民用建筑				
				单、多层	高层	单、多层			高层	裙房，单、多层			高层	
			一、二级	一、二级	一、二级	一、二级	三级	四级	一、二级	一、二级	三级	四级	一类	二类
甲类厂房	单、多层	一、二级	12	12	14	13	12	14	16	13	25	25	25	50	50
乙类厂房	单、多层	一、二级	12	10	12	13	10	12	14	13	25	25	25	50	50
		三级	14	12	14	15	12	14	16	15	25	25	25	50	50
	高层	一、二级	13	13	15	13	13	15	17	13	25	25	25	50	50
丙类厂房	单、多层	一、二层	12	10	12	13	10	12	14	13	10	12	14	20	15
		三级	14	12	14	15	12	14	16	15	12	14	16	25	20
		四级	16	14	16	17	14	16	18	17	14	16	18	25	20
	高层	一、二层	13	13	15	13	13	15	17	13	13	15	17	20	15
丁、戊类厂房	单、多层	一、二层	12	10	12	13	10	12	14	13	10	12	14	15	13
		三级	14	12	14	15	12	14	16	15	12	14	16	18	15
		四级	16	14	16	17	14	16	18	17	14	16	18	18	15
	高层	一、二层	13	13	15	13	13	15	17	13	13	15	17	15	13

名称			甲类厂房	乙类厂房（仓库）			丙、丁、戊类厂房（仓库）				民用建筑				
			单、多层	单、多层		高层	单、多层			高层	裙房，单、多层			高层	
			一、二级	一、二级	三级	一、二级	一、二级	三级	四级	一、二级	一、二级	三级	四级	一类	二类
室外变配电站	变压器总油量（t）	≥5，≤10	25	25	25	25	12	15	20	12	15	20	25	20	
		>10，≤50					15	20	25	15	20	25	30	25	
		>50					20	25	30	20	25	30	35	30	

注：1　乙类厂房与重要公共建筑的防火间距不宜小于50m；与明火或散发火花地点，不宜小于30m。单、多层戊类厂房之间及与戊类仓库的防火间距可按本表的规定减少2m。与民用建筑的防火间距可将戊类厂房等同民用建筑按表5.2.2条的规定执行。为丙、丁、戊类厂房服务而单独设置的生活用房应按民用建筑确定，与所属厂房的防火间距不应小于6m。确需相邻布置时，应符合本表注2、3的规定。

　　2　两座厂房相邻较高一面外墙为防火墙，或相邻两座高度相同的一、二级耐火等级建筑中相邻任一侧外墙为防火墙且屋顶的耐火极限不低于1.00h时，其防火间距不限，但甲类厂房之间不应小于4m。两座丙、丁、戊类厂房相邻两面外墙均为不燃性墙体，当无外露的可燃性屋檐，每面外墙上的门、窗、洞口面积之和各不大于外墙面积的5%，且门、窗、洞口不正对开设时，其防火间距可按本表的规定减少25%。甲、乙类厂房（仓库）不应与本规范第3.3.5条规定外的其他建筑贴邻。

　　3　两座一、二级耐火等级的厂房，当相邻较低一面外墙为防火墙且较低一座厂房的屋顶无天窗，屋顶的耐火极限不低于1.00h，或相邻较高一面外墙的门、窗等开口部位设置甲级防火门、窗或防火分隔水幕或按本规范第6.5.3条的规定设置防火卷帘时，甲、乙类厂房之间的防火间距不应小于6m；丙、丁、戊类厂房之间的防火间距不应小于4m。

　　4　发电厂内的主变压器，其油量可按单台确定。

　　5　耐火等级低于四级的既有厂房，其耐火等级可按四级确定。

　　6　当丙、丁、戊类厂房与丙、丁、戊类仓库相邻时，应符合本表注2、3的规定。

3.4.2　甲类厂房与重要公共建筑的防火间距不应小于50m，与明火或散发火花地点的防火间距不应小于30m。

【条文释义】　甲类厂房与重要公共建筑的防火间距如图3-42所示。

图3-42　甲类厂房与重要公共建筑的防火间距示意

3.4.3　散发可燃气体、可燃蒸气的甲类厂房与铁路、道路等的防火间距不应小于表3.4.3的规定，但甲类厂房所属厂内铁路装卸线当有安全措施时，防火间距不受表3.4.3规定的限制。

表 3.4.3 散发可燃气体、可燃蒸气的甲类厂房与铁路、道路等的防火间距（m）				
名称	厂外铁路线中心线	厂内铁路线中心线	厂外道路路边	厂内道路路边	
				主要	次要
甲类厂房	30	20	15	10	5

【条文释义】 散发可燃气体、可燃蒸气的甲类厂房与铁路、道路等的防火间距如图 3-43 所示。

图 3-43 散发可燃气体、可燃蒸气的甲类厂房与铁路、道路等的防火间距示意

3.4.4 高层厂房与甲、乙、丙类液体储罐，可燃、助燃气体储罐，液化石油气储罐，可燃材料堆场（除煤和焦炭场外）的防火间距，应符合本规范第 4 章的规定，且不应小于 13m。

3.4.5 丙、丁、戊类厂房与民用建筑的耐火等级均为一、二级时，丙、丁、戊类厂房与民用建筑的防火间距可适当减小，但应符合下列规定：

    1 当较高一面外墙为无门、窗、洞口的防火墙，或比相邻较低一座建筑屋面高 15m 及以下范围内的外墙为无门、窗、洞口的防火墙时，其防火间距不限；

【条文释义】 丙、丁、戊类厂房与民用建筑的防火间距如图 3-44 所示。

图 3-44 丙、丁、戊类厂房与民用建筑的防火间距示意

2 相邻较低一面外墙为防火墙，且屋顶无天窗或洞口、屋顶的耐火极限不低于1.00h，或相邻较高一面外墙为防火墙，且墙上开口部位采取了防火措施，其防火间距可适当减小，但不应小于4m。

【条文释义】 丙、丁、戊类厂房与民用建筑的防火间距如图3-45所示。

图3-45 丙、丁、戊类厂房与民用建筑的防火间距示意

3.4.6 厂房外附设化学易燃物品的设备，其外壁与相邻厂房室外附设设备的外壁或相邻厂房外墙的防火间距，不应小于本规范第3.4.1条的规定。用不燃材料制作的室外设备，可按一、二级耐火等级建筑确定。

【条文释义】 厂房外附设化学易燃物品的设备如图3-46所示。

图3-46 厂房外附设化学易燃物品的设备示意

注：1. C设备为A厂房设置化学易燃物品的室外设备（用不燃材料制作的室外设备可按一、二级耐火等级建筑确定，余同）。

2. 当D设备也是B厂房设置化学易燃物品的室外设备时，防火间距 L_1 应以C、D设备内所装化学易燃物品的火灾危险性类别和设备本身为一、二级耐火等级等因素，按第3.4.1条有关规定确定。

3. 当D设备为B厂房设置不燃物品的室外设备或无D设备时，则防火间距 L_2 应根据C设备与B厂房的火灾危险性类别和设备及厂房的耐火等级按第3.4.1条有关规定确定。

4. L_3、L_4 为设备外壁与厂房的间距，可按工艺要求确定；L_1 为两设备外壁之间的距离；L_2 为C设备外壁与B厂房之间的距离

总容量不大于 15m³ 的丙类液体储罐，当直埋于厂房外墙外，且面向储罐一面 4.0m 范围内的外墙为防火墙时，其防火间距不限。

【条文释义】 总容量不大于 15m³ 的丙类液体储罐的防火间距如图 3-47 所示。

图 3-47 总容量不大于 15m³ 的丙类液体储罐的防火间距示意

3.4.7 同一座"U"形或"山"形厂房中相邻两翼之间的防火间距，不宜小于本规范第 3.4.1 条的规定，但当厂房的占地面积小于本规范第 3.3.1 条规定的每个防火分区最大允许建筑面积时，其防火间距可为 6m。

【条文释义】 同一座"U"形或"山"形厂房中相邻两翼之间的防火间距如图 3-48 所示。

3.4.8 除高层厂房和甲类厂房外，其他类别的数座厂房占地面积之和小于本规范第 3.3.1 条规定的防火分区最大允许建筑面积（按其中较小者确定，但防火分区的最大允许建筑面积不限者，不应大于 10000m²）时，可成组布置。当厂房建筑高度不大于 7m 时，组内厂房之间的防火间距不应小于 4m；当厂房建筑高度大于 7m 时，组内厂房之间的防火间距不应小于 6m。

【条文释义】 除高层厂房和甲类厂房外，其他类别的数座厂房的防火间距如图 3-49 所示。

图 3-48 同一座"U"形或"山"形厂房中相邻两翼之间的防火间距示意

图 3-49　除高层厂房和甲类厂房外，其他类别的数座厂房的防火间距示意

注：1. A、B、C 厂房中不得有高层厂房和甲类厂房。

2. 以 A、B、C 厂房中，生产火灾危险性类别最高的一座按其耐火等级、层数首先
确定此类厂房防火分区的最大允许建筑面积（最大允许建筑面积不限者，不得大于 10000m²），
当此数座厂房的占地面积总和小于该最大允许占地面积时，此类数座厂房可成组布置，
组内厂房之间的间距按本图确定

组与组或组与相邻建筑的防火间距，应根据相邻两座中耐火等级较低的建筑，按本
规范第 3.4.1 条的规定确定。

【条文释义】　组与组或组与相邻建筑的防火间距如图 3-50 所示。

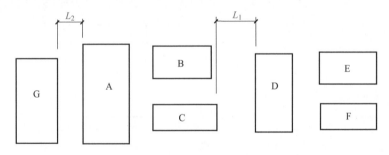

图 3-50　组与组或组与相邻建筑的防火间距示意图

注：1. 组与组之间的防火间距，本图指 A、B、C 组和 D、E、F 组中 B、C 厂房和 D 厂房之间的距离 L_1，B、C 厂房
和 D 厂房均为除甲类厂房和高层厂房以外的各类厂房。

2. 组与相邻建筑之间的防火间距本图指 A、B、C 组中 A 厂房和 G 建筑物之间的距离 L_2。A 厂房为除甲类和高
层厂房以外的各类厂房；G 建筑物可为各类厂房和高层厂房，也可为民用建筑。防火间距 L_1、L_2 应按第 3.4.1 条中有关规定
所列各建筑物的生产火灾危险性类别、耐火等级、层数等确定

3.4.9　一级汽车加油站、一级汽车加气站和一级汽车加油加气合建站不应布置在城市建
成区内。

3.4.10　汽车加油、加气站和加油加气合建站的分级，汽车加油、加气站和加油加气合建
站及其加油（气）机、储油（气）罐等与站外明火或散发火花地点、建筑、铁路、道路
的防火间距以及站内各建筑或设施之间的防火间距，应符合现行国家标准《汽车加油加
气站设计与施工规范》GB 50156 的规定。

3.4.11　电力系统电压为 35kV～500kV 且每台变压器容量不小于 10MV·A 的室外变、配电站以及工业企业的变压器总油量大于 5t 的室外降压变电站，与其他建筑的防火间距不应小于本规范第 3.4.1 条和第 3.5.1 条的规定。

3.4.12　厂区围墙与厂区内建筑的间距不宜小于 5m，围墙两侧建筑的间距应满足相应建筑的防火间距要求。

3.5　仓库的防火间距

3.5.1　甲类仓库之间及与其他建筑、明火或散发火花地点、铁路、道路等的防火间距不应小于表 3.5.1 的规定。

表 3.5.1　甲类仓库之间及与其他建筑、明火或散发火花地点、铁路、道路等的防火间距（m）

名　称		甲类仓库（储量，t）			
		甲类储存物品 第 3、4 项		甲类储存物品 第 1、2、5、6 项	
		≤5	>5	≤10	>10
高层民用建筑、重要公共建筑		50			
裙房、其他民用建筑、明火或散发火花地点		30	40	25	30
甲类仓库		20	20	20	20
厂房和乙、丙、丁、戊类仓库	一、二级	15	20	12	15
	三级	20	25	15	20
	四级	25	30	20	25
电力系统电压为 35kV～500kV 且每台变压器容量不小于 10MV·A 的室外变、配电站，工业企业的变压器总油量大于 5t 的室外降压变电站		30	40	25	30
厂外铁路线中心线		40			
厂内铁路线中心线		30			
厂外道路路边		20			
厂内道路路边	主要	10			
	次要	5			

注：甲类仓库之间的防火间距，当第 3、4 项物品储量不大于 2t，第 1、2、5、6 项物品储量不大于 5t 时，不应小于 12m。甲类仓库与高层仓库的防火间距不应小于 13m。

【条文释义】　甲类仓库之间及与其他建筑、明火或散发火花地点、铁路、道路等的防火间距如图 3-51 所示。

图 3-51　甲类仓库之间及与其他建筑、明火或散发火花地点、铁路、道路等的防火间距示意

3.5.2 除本规范另有规定外，乙、丙、丁、戊类仓库之间及与民用建筑的防火间距，不应小于表3.5.2的规定。

表3.5.2 乙、丙、丁戊类仓库之间及与民用建筑的防火间距（m）

名称			乙类仓库			丙类仓库				丁、戊类仓库			
			单、多层		高层	单、多层			高层	单、多层			高层
			一、二级	三级	一、二级	一、二级	三级	四级	一、二级	一、二级	三级	四级	一、二级
乙、丙、丁、戊类仓库	单、多层	一、二级	10	12	13	10	12	14	13	10	12	14	13
		三级	12	14	15	12	14	16	15	12	14	16	15
		四级	14	16	17	14	16	18	17	14	16	18	17
	高层	一、二级	13	15	13	13	15	17	13	13	15	17	13
民用建筑	裙房，单、多层	一、二级	25			10	12	14	13	10	12	14	13
		三级				12	14	16	15	12	14	16	15
		四级				14	16	18	17	14	16	18	17
	高层	一类	50			20	25	25	20	15	18	18	15
		二类				15	20	20	20	13	15	15	13

注：1 单、多层戊类仓库之间的防火间距，可按本表的规定减少2m。

2 两座仓库的相邻外墙均为防火墙时，防火间距可以减小，但丙类仓库，不应小于6m；丁、戊类仓库，不应小于4m。两座仓库相邻较高一面外墙为防火墙，或相邻两座高度相同的一、二级耐火等级建筑中相邻任一侧外墙为防火墙且屋顶的耐火极限不低于1.00h，且总占地面积不大于本规范第3.3.2条一座仓库的最大允许占地面积规定时，其防火间距不限。

3 除乙类第6项物品外的乙类仓库，与民用建筑的防火间距不宜小于25m，与重要公共建筑的防火间距不应小于50m，与铁路、道路等的防火间距不宜小于表3.5.2中甲类仓库与铁路、道路等的防火间距。

3.5.3 丁、戊类仓库与民用建筑的耐火等级均为一、二级时，仓库与民用建筑的防火间距可适当减小，但应符合下列规定：

　　1 当较高一面外墙为无门、窗、洞口的防火墙，或比相邻较低一座建筑屋面高15m及以下范围内的外墙为无门、窗、洞口的防火墙时，其防火间距不限。

【条文释义】 丁、戊类仓库与民用建筑防火间距的设置如图3-52所示。

图3-52 丁、戊类仓库与民用建筑防火间距的设置示意（一）

2　相邻较低一面外墙为防火墙，且屋顶无天窗或洞口、屋顶耐火极限不低于 1.00h，或相邻较高一面外墙为防火墙，且墙上开口部位采取了防火措施，其防火间距可适当减小，但不应小于 4m。

【条文释义】　丁、戊类仓库与民用建筑防火间距的设置如图 3-53 所示。

图 3-53　丁、戊类仓库与民用建筑防火间距的设置示意（二）

3.5.4　粮食筒仓与其他建筑、粮食筒仓组之间的防火间距，不应小于表 3.5.4 的规定。

表 3.5.4　粮食筒仓与其他建筑、粮食筒仓组之间的防火间距（m）

名称	粮食总储量 W(t)	粮食立筒仓			粮食浅圆仓		其他建筑		
		$W \leqslant 40000$	$40000 < W \leqslant 50000$	$W > 50000$	$W \leqslant 50000$	$W > 50000$	一、二级	三级	四级
粮食立筒仓	$500 < W \leqslant 10000$	15	20	25	20	25	10	15	20
	$10000 < W \leqslant 40000$						15	20	25
	$40000 < W \leqslant 50000$	20					20	25	30
	$W > 50000$	25					25	30	—
粮食浅圆仓	$W \leqslant 50000$	20	20	25	20	25	20	25	—
	$W > 50000$	25					25	30	—

注：1　当粮食立筒仓、粮食浅圆仓与工作塔、接受塔、发放站为一个完整工艺单元的组群时，组内各建筑之间的防火间距不受本表限制。
　　2　粮食浅圆仓组内每个独立仓的储量不应大于 10000t。

3.5.5　库区围墙与库区内建筑的间距不宜小于 5m，围墙两侧建筑的间距应满足相应建筑的防火间距要求。

【条文释义】　库区围墙与库区内建筑的间距如图 3-54 所示。

图 3-54　库区围墙与库区内建筑的间距示意

3.6　厂房和仓库的防爆

3.6.1　有爆炸危险的甲、乙类厂房宜独立设置，并宜采用敞开或半敞开式。其承重结构宜采用钢筋混凝土或钢框架、排架结构。

【条文释义】　有爆炸危险的甲、乙类厂房的设置要求如图 3-55 所示。

图 3-55　有爆炸危险的甲、乙类厂房的设置要求示意

3.6.2　有爆炸危险的厂房或厂房内有爆炸危险的部位应设置泄压设施。
3.6.3　泄压设施宜采用轻质屋面板、轻质墙体和易于泄压的门、窗等，应采用安全玻璃等在爆炸时不产生尖锐碎片的材料。
　　泄压设施的设置应避开人员密集场所和主要交通道路，并宜靠近有爆炸危险的部位。

【条文释义】　泄压设施如图 3-56 所示。

图 3-56　泄压设施示意

作为泄压设施的轻质屋面板和墙体的质量不宜大于 60kg/m²。

屋顶上的泄压设施应采取防冰雪积聚措施。

【条文释义】 有爆炸危险的甲、乙类厂房泄压措施如图 3-57 所示。

图 3-57 有爆炸危险的甲、乙类厂房泄压措施示意
注：1. 轻质屋面板、轻质墙体（单位质量宜≤ 60kg/m²）；
2. 易于泄压的门、窗（不应采用普通玻璃，防止碎片伤人）

3.6.4 厂房的泄压面积宜按下式计算，但当厂房的长径比大于 3 时，宜将建筑划分为长径比不大于 3 的多个计算段，各计算段中的公共截面不得作为泄压面积：

$$A=10CV^{2/3} \qquad (3.6.4)$$

式中 A——泄压面积，m²；

V——厂房的容积，m³；

C——泄压比，可按表 3.6.4 选取，m²/m³。

表 3.6.4 厂房内爆炸性危险物质的类别与泄压比规定值（m²/m³）

厂房内爆炸性危险物质的类别	C 值
氨、粮食、纸、皮革、铅、铬、铜等 $K_{尘}$< 10MPa·m/s 的粉尘	≥ 0.030
木屑、炭屑、煤粉、锑、锡等 10MPa·m/s ≤ $K_{尘}$≤ 30MPa·m/s 的粉尘	≥ 0.055
丙酮、汽油、甲醇、液化石油气、甲烷、喷漆间或干燥室，苯酚树脂、铝、镁、锆等 $K_{尘}$> 30MPa·m/s 的粉尘	≥ 0.110
乙烯	≥ 0.160
乙炔	≥ 0.200
氢	≥ 0.250

注：1 长径比为建筑平面几何外形尺寸中的最长尺寸与其横截面周长的积和 4.0 倍的建筑横截面面积之比。
2 $K_{尘}$是指粉尘爆炸指数。

3.6.5 散发较空气轻的可燃气体、可燃蒸气的甲类厂房，宜采用轻质屋面板作为泄压面积。顶棚应尽量平整、无死角，厂房上部空间应通风良好。

【条文释义】 散发较空气轻的可燃气体、可燃蒸气的甲类厂房泄压设置如图3-58所示。

图 3-58　散发较空气轻的可燃气体、可燃蒸气的甲类厂房泄压设置示意

注：爆炸区域内的通风，其空气流量能使该空间内含有爆炸危险物质的混合气体粉尘的浓
　　度始终保持在爆炸下限的 25% 下时，可定为通风良好

3.6.6　散发较空气重的可燃气体、可燃蒸气的甲类厂房和有粉尘、纤维爆炸危险的乙类
厂房，应符合下列规定：
　　1　应采用不发火花的地面。采用绝缘材料作整体面层时，应采取防静电措施。

【条文释义】 散发较空气重的可燃气体、可燃蒸气的甲类厂房和有粉尘、纤维爆炸危险
的乙类厂房的设置如图 3-59 所示。

图 3-59　散发较空气重的可燃气体、可燃蒸气的甲类厂房和有粉尘、纤维爆炸
危险的乙类厂房的设置示意

　　2　散发可燃粉尘、纤维的厂房，其内表面应平整、光滑，并易于清扫。
　　3　厂房内不宜设置地沟，确需设置时，其盖板应严密，地沟应采取防止可燃气体、
可燃蒸气和粉尘、纤维在地沟积聚的有效措施，且应在与相邻厂房连通处采用防火材料
密封。

【条文释义】 散发较空气重的可燃气体、可燃蒸气的甲类厂房和有粉尘、纤维爆炸危险
的乙类厂房地沟的设置如图 3-60 所示。

散发较空气重的可燃气体,
可燃蒸气的甲类厂房

厂房内表面应平整、光滑,易于清扫

有粉尘、纤维爆炸危险
的乙类厂房

应采用不发火花的地面,采用绝缘材料作整体
面层时,应采取防静电措施

图 3-60 散发较空气重的可燃气体、可燃蒸气的甲类厂房和有粉尘、
纤维爆炸危险的乙类厂房地沟的设置示意

注:厂房内必须设置地沟时:
1.沟盖板应密封;2.对可燃气体、可燃蒸气及粉尘、纤维在地沟积聚的有效措施;
3.两座厂房地沟连通时,应在连通处用防火材料密封

3.6.7 有爆炸危险的甲、乙类生产部位,宜布置在单层厂房靠外墙的泄压设施或多层厂房顶层靠外墙的泄压设施附近。

有爆炸危险的设备宜避开厂房的梁、柱等主要承重构件布置。

【条文释义】 有爆炸危险的甲、乙类生产部位与有爆炸危险的设备的布置如图 3-61 所示。

泄压面

有爆炸危险的甲、乙类
生产部位,宜布置在单
层厂房靠外墙的泄压设
施或多层厂房顶层靠外
墙的泄压设施附近

有爆炸危险的设
备宜避开柱和梁

柱和梁

图 3-61 有爆炸危险的甲、乙类生产部位与有爆炸危险的设备的布置示意

图解《建筑设计防火规范》(2018 年版)(双色版)

3.6.8 有爆炸危险的甲、乙类厂房的总控制室应独立设置。

【条文释义】 有爆炸危险的甲、乙类厂房的总控制室的设置如图3-62所示。

图3-62 有爆炸危险的甲、乙类厂房的总控制室的设置示意
注：以上间距 a 参照甲、乙类厂房与民用建筑之间的防火间距

3.6.9 有爆炸危险的甲、乙类厂房的分控制室宜独立设置，当贴邻外墙设置时，应采用耐火极限不低于3.00h的防火隔墙与其他部位分隔。

【条文释义】 有爆炸危险的甲、乙类厂房的分控制室的设置如图3-63所示。

图3-63 有爆炸危险的甲、乙类厂房的分控制室的设置示意

3.6.10 有爆炸危险区域内的楼梯间、室外楼梯或有爆炸危险的区域与相邻区域连通处，应设置门斗等防护措施。门斗的隔墙应为耐火极限不应低于2.00h的防火隔墙，门应采用甲级防火门并应与楼梯间的门错位设置。

【条文释义】 有爆炸危险区域内的楼梯间、室外楼梯或有爆炸危险的区域如图3-64所示。

图3-64 有爆炸危险区域内的楼梯间、室外楼梯或有爆炸危险的区域示意

3.6.11 使用和生产甲、乙、丙类液体的厂房，其管、沟不应与相邻厂房的管、沟相通，下水道应设置隔油设施。

【条文释义】 使用和生产甲、乙、丙类液体的厂房的隔油池的平、剖面图如图3-65所示。

图3-65 隔油池的平、剖面示意

3.6.12 甲、乙、丙类液体仓库应设置防止液体流散的设施。遇湿会发生燃烧爆炸的物品仓库应采取防止水浸渍的措施。

【条文释义】 甲、乙、丙类液体仓库的设置如图3-66所示，遇湿会发生燃烧爆炸的物品仓库如图3-67所示。

图3-66 甲、乙、丙类液体仓库的设置示意

图 3-67　遇湿会发生燃烧爆炸的物品仓库示意

3.6.13　有粉尘爆炸危险的筒仓，其顶部盖板应设置必要的泄压设施。

　　粮食筒仓工作塔和上通廊的泄压面积应按本规范第3.6.4条的规定计算确定。有粉尘爆炸危险的其他粮食储存设施应采取防爆措施。

【条文释义】　有粉尘爆炸危险的筒仓和粮食储存设施如图3-68和图3-69所示。

图 3-68　有粉尘爆炸危险的筒仓示意

图 3-69　有粉尘爆炸危险的粮食储存设施示意

注：粮食筒仓的工作塔、上通廊的泄压面积按第3.6.4条规定，筒仓顶部盖板应设必要的泄压设施

3.6.14 有爆炸危险的仓库或仓库内有爆炸危险的部位，宜按本节规定采取防爆措施、设置泄压设施。

3.7 厂房的安全疏散

3.7.1 厂房的安全出口应分散布置。每个防火分区或一个防火分区的每个楼层，其相邻2个安全出口最近边缘之间的水平距离不应小于5m。

【条文释义】 厂房的安全出口布置距离如图3-70和图3-71所示。

图3-70 单层厂房的每个防火分区内安全出口布置距离示意

图3-71 多层厂房的一个防火分区的每个楼层内安
全出口布置距离示意

3.7.2 厂房内每个防火分区或一个防火分区内的每个楼层，其安全出口的数量应经计算确定，且不应少于2个；当符合下列条件时，可设置1个安全出口。
　　1 甲类厂房，每层建筑面积不大于100m²，且同一时间的作业人数不超过5人；
　　2 乙类厂房，每层建筑面积不大于150m²，且同一时间的作业人数不超过10人；
　　3 丙类厂房，每层建筑面积不大于250m²，且同一时间的作业人数不超过20人；
　　4 丁、戊类厂房，每层建筑面积不大于400m²，且同一时间的作业人数不超过30人；
　　5 地下或半地下厂房（包括地下或半地下室），每层建筑面积不大于50m²，且同一时间的作业人数不超过15人。
3.7.3 地下或半地下厂房（包括地下或半地下室），当有多个防火分区相邻布置，并采用防火墙分隔时，每个防火分区可利用防火墙上通向相邻防火分区的甲级防火门作为第二安全出口，但每个防火分区必须至少有1个直通室外的独立安全出口。

【条文释义】 地下或半地下厂房（包括地下或半地下室）安全出口设置如图3-72所示。

图 3-72　地下或半地下厂房（包括地下或半地下室）安全出口设置示意

3.7.4 厂房内任一点至最近安全出口的直线距离不应大于表 3.7.4 的规定。

表 3.7.4　厂内任一点至最近安全出口的直线距离（m）

生产的火灾危险性类别	耐火等级	单层厂房	多层厂房	高层厂房	地下或半地下厂房（包括地下和半地下室）
甲	一、二级	30	25	—	—
乙	一、二级	75	50	30	—
丙	一、二级 三级	80 60	60 40	40 —	30 —
丁	一、二级 三级 四级	不限 60 50	不限 50 —	50 — —	45 — —
戊	一、二级 三级 四级	不限 100 60	不限 75 —	75 — —	60 — —

3.7.5 厂房内疏散楼梯、走道、门的各自总净宽度，应根据疏散人数按每 100 人的最小疏散净宽度不小于表 3.7.5 的规定计算确定。但疏散楼梯的最小净宽度不宜小于 1.10m，疏散走道的最小净宽度不宜小于 1.40m，门的最小净宽度不宜小于 0.90m。当每层疏散人数不相等时，疏散楼梯的总净宽度应分层计算，下层楼梯总净宽度应按该层及以上疏散人数最多一层的疏散人数计算。

表 3.7.5　厂房内疏散楼梯、走道和门的每 100 人最小疏散净宽度

厂房层数（层）	1～2	3	≥4
最小疏散净宽度（m/百人）	0.60	0.80	1.00

首层外门的总净宽度应按该层及以上疏散人数最多一层的疏散人数计算，且该门的最小净宽度不应小于 1.20m。

【条文释义】　厂房内疏散楼梯、走道、门的各自总净宽度如图 3-73 和图 3-74 所示。

房间疏散门的净宽度按疏散人数×该层门的净宽度(表3.7.5)确定，疏散门的净宽度宜≥0.90m

疏散走道净宽度按各层疏散人数×该层走道净宽度(表3.7.5)所得的最大值确定，其净宽度宜≥1.40m

≥1.40m

首层外门的总宽度按各层中疏散人数×该层净宽度(表3.7.5)所得的最大值确定，且每楼疏散门净宽度应≥1.20m

图 3-73　厂房内疏散楼梯、走道、门的各自总净宽度示意（1）

注：按本图分层计算后，下层楼梯总净宽度应该按该层以上经计算所得的楼梯最大净宽度确定，但楼梯净宽度宜≥1.10m

六层

五层

四层

四层以上各层楼梯净宽均按该层疏散人数×1.00m/百人计算

三层

楼梯净宽L=四层疏散人数×1.00m/百人

二层

楼梯净宽L=三层疏散人数×0.80m/百人

一层

楼梯净宽L=二层疏散人数×0.60m/百人

图 3-74　厂房内疏散楼梯、走道、门的各自总净宽度示意（2）

3.7.6 高层厂房和甲、乙、丙类多层厂房的疏散楼梯应采用封闭楼梯间或室外楼梯。建筑高度大于 32m 且任一层人数超过 10 人的厂房，应采用防烟楼梯间或室外楼梯

【条文释义】 高层厂房和甲、乙、丙类多层厂房的疏散楼梯如图 3-75 ～图 3-77 所示。

下　上

图 3-75　封闭楼梯间示意

前室

下　上

图 3-76　防烟楼梯间示意

图 3-77　室外疏散楼梯示意

3.8　仓库的安全疏散

3.8.1　仓库的安全出口应分散布置。每个防火分区或一个防火分区的每个楼层，其相邻 2 个安全出口最近边缘之间的水平距离不应小于 5m。

【条文释义】　仓库的安全出口如图 3-78 和图 3-79 所示。

图 3-78　单层仓库的安全出口示意

图 3-79　多层仓库的一个防火分区的安全出口示意

3.8.2 每座仓库的安全出口不应少于 2 个，当一座仓库的占地面积不大于 300m² 时，可设置 1 个安全出口。仓库内每个防火分区通向疏散走道、楼梯或室外的出口不宜少于 2 个，当防火分区的建筑面积不大于 100m² 时，可设置 1 个出口。通向疏散走道或楼梯的门应为乙级防火门。

【条文释义】 每座仓库的安全出口的设置如图 3-80 ～图 3-82 所示。

图 3-80 仓库的安全出口的设置示意

图 3-81 占地面积≤ 300m² 的单层、多层仓库的安全出口的设置示意

图 3-82 仓库内每个防火分区通向疏散走道、楼梯或室外的出口的设置示意

3.8.3 地下或半地下仓库（包括地下或半地下室）的安全出口不应少于 2 个；当建筑面积不大于 100m² 时，可设置 1 个安全出口。

【条文释义】 地下或半地下仓库（包括地下或半地下室）的安全出口设置如图 3-83 和图 3-84 所示。

图 3-83　每个仓库的安全出口的设置示意　　　图 3-84　占地面积≤ 200m² 的单层、多层仓库的安全出口的设置示意

地下或半地下仓库（包括地下或半地下室），当有多个防火分区相邻布置并采用防火墙分隔时，每个防火分区可利用防火墙上通向相邻防火分区的甲级防火门作为第二安全出口，但每个防火分区必须至少有 1 个直通室外的安全出口。

【条文释义】 每个防火分区直通室外的安全出口的设置如图 3-85 所示。

图 3-85　每个防火分区直通室外的安全出口的设置示意

3.8.4 冷库、粮食筒仓、金库的安全疏散设计应分别符合现行国家标准《冷库设计规范》GB 50072 和《粮食钢板筒仓设计规范》GB 50322 等标准的规定。

3.8.5 粮食筒仓上层面积小于 1000m²，且作业人数不超过 2 人时，可设置 1 个安全出口。

【条文释义】 粮食筒仓安全出口的设置如图 3-86 所示。

图 3-86　粮食筒仓安全出口的设置示意

3.8.6　仓库、筒仓中符合本规范第 6.4.5 条规定的室外金属梯，可作为疏散楼梯，但筒仓室外楼梯平台的耐火极限不应低于 0.25h。

【条文释义】　仓库、筒仓中的室外金属梯如图 3-87 所示。

图 3-87　仓库、筒仓中的室外金属梯示意

3.8.7　高层仓库的疏散楼梯应采用封闭楼梯间。

【条文释义】　高层仓库的疏散楼梯如图 3-88 所示。

图 3-88　高层仓库的疏散楼梯间示意

3.8.8 除一、二级耐火等级的多层戊类仓库外，其他仓库内供垂直运输物品的提升设施宜设置在仓库外，确需设置在仓库内时，应设置在井壁的耐火极限不低于2.00h的井筒内。室内外提升设施通向仓库的入口应设置乙级防火门或符合本规范第6.5.3条规定的防火卷帘。

【条文释义】 除一、二级耐火等级的多层戊类仓库外，其他仓库内供垂直运输物品的提升设施如图3-89和图3-90所示。

图3-89 室内外提升设施通向仓库的入口示意

图3-90 井壁的耐火极限示意

4 甲、乙、丙类液体、气体储罐（区）和可燃材料堆场

4.1 一般规定

4.1.1 甲、乙、丙类液体储罐区，液化石油气储罐区，可燃、助燃气体储罐区和可燃材料堆场等，应布置在城市（区域）的边缘或相对独立的安全地带，并宜布置在城市（区域）全年最小频率风向的上风侧。

甲、乙、丙类液体储罐（区）宜布置在地势较低的地带。当布置在地势较高的地带时，应采取安全防护设施。

液化石油气储罐（区）宜布置在地势平坦、开阔等不易积存液化石油气的地带。

【条文释义】 甲、乙、丙类液体储罐区，液化石油气储罐区，可燃、助燃气体储罐区和可燃材料堆场的布置位置如图 4-1 所示。

图 4-1 甲、乙、丙类液体储罐区，液化石油气储罐区，可燃、助燃气体储罐区和
可燃材料堆场布置位置示意

4.1.2 桶装、瓶装甲类液体不应露天存放。

【条文释义】 桶装、瓶装甲类液体的存放如图 4-2 所示。

(a) 桶装、瓶装甲类液体储存实图　　　　　(b) 桶装、瓶装甲类液体储存示意

图 4-2　桶装、瓶装甲类液体的存放示意

4.1.3　液化石油气储罐组或储罐区的四周应设置高度不小于 1.0m 的不燃性实体防护墙。

【条文释义】　液化石油气储罐组或储罐区的防护墙的设置如图 4-3 所示。

(a) 液化石油气储罐组或储罐区示意

(b) 液化石油气储罐组或储罐区实图

图 4-3　液化石油气储罐组或储罐区的防护墙的设置示意

4.1.4　甲、乙、丙类液体储罐区，液化石油气储罐区，可燃、助燃气体储罐区和可燃材料堆场，应与装卸区、辅助生产区及办公区分开布置。

4.1.5　甲、乙、丙类液体储罐，液化石油气储罐，可燃、助燃气体储罐和可燃材料堆垛，与架空电力线的最近水平距离应符合本规范第 10.2.1 条的规定。

【条文释义】　甲、乙、丙类液体储罐，液化石油气储罐，可燃、助燃气体储罐和可燃材

料堆垛，与架空电力线的最近水平距离如图 4-4 所示。

图 4-4　甲、乙、丙类液体储罐，液化石油气储罐，可燃、助燃气体储罐和可燃材料堆垛，
与架空电力线的最近水平距离示意
H—电杆（塔）高度

4.2　甲、乙、丙类液体储罐（区）的防火间距

4.2.1　甲、乙、丙类液体储罐（区）和乙、丙类液体桶装堆场与其他建筑的防火间距，不应小于表 4.2.1 的规定。

表 4.2.1　甲、乙、丙类液体储罐（区）和乙、丙类液体桶装堆场与其他建筑的防火间距（m）

类别	一个罐区或堆场的总容量 V（m³）	建筑物				室外变、配电站
		一、二级		三级	四级	
		高层民用建筑	裙房，其他建筑			
甲、乙类液体储罐（区）	1 ≤ V < 50	40	12	15	20	30
	50 ≤ V < 200	50	15	20	25	35
	200 ≤ V < 1000	60	20	25	30	40
	1000 ≤ V < 5000	70	25	30	40	50
丙类液体储罐（区）	5 ≤ V < 250	40	12	15	20	24
	250 ≤ V < 1000	50	15	20	25	28
	1000 ≤ V < 5000	60	20	25	30	32
	5000 ≤ V < 25000	70	25	30	40	40

注：1　当甲、乙类液体储罐和丙类液体储罐布置在同一储罐区时，罐区的总容量可按 1m³ 甲、乙类液体相当于 5m³ 丙类液体折算。

2　储罐防火堤外侧基脚线至相邻建筑的距离不应小于 10m。

3　甲、乙、丙类液体的固定顶储罐区或半露天堆场，乙、丙类液体桶装堆场与甲类厂房（仓库）、民用建筑的防火间距，应按本表的规定增加 25%，且甲、乙类液体的固定顶储罐区或半露天堆场，乙、丙类液体桶装堆场与甲类厂房（仓库）、裙房、单、多层民用建筑的防火间距不应小于 25m，与明火或散发火花地点的防火间距应按本表有关四级耐火等级建筑物的规定增加 25%。

4　浮顶储罐区或闪点大于 120℃的液体储罐区与其他建筑的防火间距，可按本表的规定减少 25%。

5　当数个储罐区布置在同一库区内时，储罐区之间的防火间距不应小于本表相应容量的储罐区与四级耐火等级建筑物防火间距的较大值。

6　直埋地下的甲、乙、丙类液体卧式罐，当单罐容量不大于 50m³，总容量不大于 200m³ 时，与建筑物的防火间距可按本表规定减少 50%。

7　室外变、配电站指电力系统电压为 35kV～500kV 且每台变压器容量不小于 10MV·A 的室外变、配电站和工业企业的变压器总油量大于 5t 的室外降压变电站。

【条文释义】 甲、乙、丙类液体储罐（区）和乙、丙类液体桶装堆场与其他建筑的防火间距如图 4-5 所示。

图 4-5　甲、乙、丙类液体储罐（区）和乙、丙类液体桶装堆场
与其他建筑的防火间距示意

4.2.2 甲、乙、丙类液体储罐之间的防火间距不应小于表 4.2.2 的规定。

表 4.2.2　甲、乙、丙类液体储罐之间的防火间距（m）

类　　别			固定顶储罐			浮顶储罐或设置充氮保护设备的储罐	卧式储罐
			地上式	半地下式	地下式		
甲、乙类液体储罐	单罐容量 V（m³）	$V \leqslant 1000$	0.75D	0.5D	0.4D	0.4D	≥0.8m
		$V > 1000$	0.6D				
丙类液体储罐			不限	0.4D	不限	不限	—

注：1　D 为相邻较大立式储罐的直径（m），矩形储罐的直径为长边与短边之和的一半。

2　不同液体、不同形式储罐之间的防火间距不应小于本表规定的较大值。

3　两排卧式储罐之间的防火间距不应小于 3m。

4　当单罐容量不大于 1000m³ 且采用固定冷却系统时，甲、乙类液体的地上式固定顶储罐之间的防火间距不应小于 0.6D。

5　地上式储罐同时设置液下喷射泡沫灭火系统、固定冷却水系统和扑救防火堤内液体火灾的泡沫灭火设施时，储罐之间的防火间距可适当减小，但不宜小于 0.4D。

6　闪点大于 120℃ 的液体，当单罐容量大于 1000m³ 时，储罐之间的防火间距不应小于 5m；当单罐容量不大于 1000m³ 时，储罐之间的防火间距不应小于 2m。

4.2.3 甲、乙、丙类液体储罐成组布置时，应符合下列规定：

1　组内储罐的单罐容量和总容量不应大于表 4.2.3 的规定。

表 4.2.3　甲、乙、丙类液体储罐分组布置的最大容量

类别	单罐最大容量（m³）	一组罐最大容量（m³）
甲、乙、丙类液体	200	1000
丙类液体	500	3000

【条文释义】 组内储罐的布置如图 4-6 所示。

(a) 甲、乙类液体立式储罐　　　　　　(b) 甲、乙类液体卧式储罐

(c) 液化石油气储罐组　　　　　　(d) 丙类液体储罐

图 4-6　组内储罐的布置示意

4.2.4　甲、乙、丙类液体的地上式、半地下式储罐区，其每个防火堤内宜布置火灾危险性类别相同或相近的储罐。沸溢性油品储罐不应与非沸溢性油品储罐布置在同一防火堤内。地上式、半地下式储罐不应与地下式储罐布置在同一防火堤内。

4.2.5　甲、乙、丙类液体的地上式、半地下式储罐或储罐组，其四周应设置不燃性防火堤。防火堤的设置应符合下列规定：

【条文释义】 防火堤内的储罐布置如图 4-7 所示。

图 4-7　防火堤内的储罐布置示意

2 防火堤的有效容量不应小于其中最大储罐的容量。对于浮顶罐，防火堤的有效容量可为其中最大储罐容量的一半。

【条文释义】 防火堤的有效容量如图 4-8 和图 4-9 所示。

(a) 固定顶储罐组 (地上式) $V_0 \geqslant V_1$

V_1—最大储罐的容量; V_0—防火堤内的有效容量

(b) 固定顶储罐与浮顶储罐同组布置

$V_0 \geqslant V_2$ 与 $V_0 = 0.5V_1$ 取两者中的较大值

V_1—最大浮顶储罐的容量; V_2—固定顶储罐的容量

图 4-8 防火堤的有效容量示意（1）

(a) 浮顶储罐组 $V_0 = 0.5V_1$

V_1—最大储罐的容量; V_0—防火堤内的有效容量

(b) 固定顶储罐组(半地上式) $V_0 \geqslant V_1$

V_1—最大储罐高出地面的容量; V_0—防火堤内的有效容量

(c) 甲、乙、丙类液体储罐组

图 4-9 防火堤的有效容量示意（2）

注: 1. 图中 1 号的储罐为组内最大的储罐，容量为 V_1，m^3。
2. 防火堤内的有效容量:

$$V_0 = [(A \times B) - (F_1 + F_2 + F_3 + F_4)] \times h_1 \ (m^3)$$

式中，F_1、F_2、F_3、F_4 分别为 1 号、2 号、3 号、4 号储罐的占地面积，m^3；h_1 为防火堤的计算高度，m

3 防火堤内侧基脚线至立式储罐外壁的水平距离不应小于罐壁高度的一半。防火堤内侧基脚线至卧式储罐的水平距离不应小于 3m。

4 防火堤的设计高度应比计算高度高出 0.2m，且应为 1.0m ～ 2.2m，在防火堤的适当位置应设置便于灭火救援人员进出防火堤的踏步。

【条文释义】 防火堤内侧基脚线与防火堤的设计高度如图 4-10 所示。

(a)   (b)

图 4-10 防火堤内侧基脚线与防火堤的设计高度示意

5 沸溢性油品的地上式、半地下式储罐，每个储罐均应设置一个防火堤或防火隔堤。
6 含油污水排水管应在防火堤的出口处设置水封设施，雨水排水管应设置阀门等封闭、隔离装置。

4.2.6 甲类液体半露天堆场，乙、丙类液体桶装堆场和闪点大于 120℃的液体储罐（区），当采取了防止液体流散的设施时，可不设置防火堤。

【条文释义】 甲类液体半露天堆场，乙、丙类液体桶装堆场和闪点大于 120℃的液体储罐（区）如图 4-11 ～图 4-13 所示。

图 4-11 甲类液体半露天堆场（敞棚）示意

图 4-12 乙、丙类液体桶装堆场示意

图 4-13　闪点大于 120℃的液体储罐示意

注：上述堆场和储罐采用以上任一种防止液体流散的设施或其他有
效措施时，均可不设置防火堤

4.2.7 甲、乙、丙类液体储罐与其泵房、装卸鹤管的防火间距不应小于表 4.2.7 的规定。

表 4.2.7　甲、乙、丙类液体储罐与其泵房、装卸鹤管的防火间距（m）

液体类别和储罐形式		泵房	铁路或汽车装卸鹤管
甲、乙类液体储罐	拱顶罐	15	20
	浮顶罐	12	15
丙类液体储罐		10	12

注：1　总容量不大于 1000m³ 的甲、乙类液体储罐和总容量不大于 5000m³ 的丙类液体储罐，其防火间距可按本表的规定减少 25%。

2　泵房、装卸鹤管与储罐防火堤外侧基脚线的距离不应小于 5m。

【条文释义】　甲、乙、丙类液体储罐与其泵房、装卸鹤管的防火间距如图 4-14 所示。

图 4-14　甲、乙、丙类液体储罐与其泵房、装卸鹤管的防火间距示意

4.2.8 甲、乙、丙类液体装卸鹤管与建筑物、厂内铁路线的防火间距不应小于表 4.2.8 的规定。

表 4.2.8　甲、乙、丙类液体装卸鹤管与建筑物、厂内铁路线的防火间距（m）

名称	建筑物			厂内铁路线	泵房
	一、二级	三级	四级		
甲、乙类液体装卸鹤管	14	16	18	20	8
丙类液体装卸鹤管	10	12	14	10	

注：装卸鹤管与其直接装卸用的甲、乙、丙类液体装卸铁路线的防火间距不限。

【条文释义】 甲、乙、丙类液体装卸鹤管与建筑物、厂内铁路线的防火间距如图 4-15 所示。

图 4-15　甲、乙、丙类液体装卸鹤管与建筑物、厂内铁路线的防火间距示意

4.2.9　甲、乙、丙类液体储罐与铁路、道路的防火间距不应小于表 4.2.9 的规定。

表 4.2.9　甲、乙、丙类液体储罐与铁路、道路的防火间距（m）

名　称	厂外铁路线中心线	厂内铁路线中心线	厂外道路路边	厂内道路路边	
				主要	次要
甲、乙类液体储罐	35	25	20	15	10
丙类液体储罐	30	20	15	10	5

【条文释义】 甲、乙、丙类液体储罐与铁路、道路的防火间距如图 4-16 和图 4-17 所示。

4.2.10　零位罐与所属铁路装卸线的距离不应小于 6m。

【条文释义】 零位罐与所属铁路装卸线的距离如图 4-18 所示。

图 4-16 甲、乙类液体储罐示意

图 4-17 丙类液体储罐示意

图 4-18 零位罐与所属铁路装卸线的距离示意

4.2.11 石油库的储罐（区）与建筑的防火间距，石油库内的储罐布置和防火间距以及储罐与泵房、装卸鹤管等库内建筑的防火间距，应符合现行国家标准《石油库设计规范》GB 50074 的规定。

4.3 可燃、助燃气体储罐（区）的防火间距

4.3.1 可燃气体储罐与建筑物、储罐、堆场等的防火间距应符合下列规定：

    1 湿式可燃气体储罐与建筑物、储罐、堆场等的防火间距不应小于表4.3.1的规定。

表4.3.1 湿式可燃气体储罐与建筑物、储罐、堆场等的防火间距（m）

名称		湿式可燃气体储罐（总容积 V, m^3)				
		$V < 1000$	$1000 \leq V < 10000$	$10000 \leq V < 50000$	$50000 \leq V < 100000$	$100000 \leq V < 300000$
甲类仓库 甲、乙、丙类液体储罐 可燃材料堆场 室外变、配电站 明火或散发火花的地点		20	25	30	35	40
高层民用建筑		25	30	35	40	45
裙房，单、多层民用建筑		18	20	25	30	35
其他建筑	一、二级	12	15	20	25	30
	三级	15	20	25	30	35
	四级	20	25	30	35	40

    注：固定容积可燃气体储罐的总容积按储罐几何容积（m^3）和设计储存压力（绝对压力，10^5Pa）的乘积计算。

    2 固定容积的可燃气体储罐与建筑物、储罐、堆场等的防火间距不应小于表4.3.1的规定。

    3 干式可燃气体储罐与建筑物、储罐、堆场等的防火间距：当可燃气体的密度比空气大时，应按表4.3.1的规定增加25%；当可燃气体的密度比空气小时，可按表4.3.1的规定确定。

    4 湿式或干式可燃气体储罐的水封井、油泵房和电梯间等附属设施与该储罐的防火间距，可按工艺要求布置。

    5 容积不大于$20m^3$的可燃气体储罐与其使用厂房的防火间距不限。

4.3.2 可燃气体储罐（区）之间的防火间距应符合下列规定：

    1 湿式可燃气体储罐或干式可燃气体储罐之间及湿式与干式可燃气体储罐的防火间距，不应小于相邻较大罐直径的1/2。

【条文释义】 湿式可燃气体储罐或干式可燃气体储罐之间及湿式与干式可燃气体储罐的防火间距如图4-19所示。

图4-19 湿式可燃气体储罐或干式可燃气体储罐之间及湿式与干式可燃气体储罐的防火间距示意

注：储罐间的防火间距不应小于相邻较大罐直径的1/2

2 固定容积的可燃气体储罐之间的防火间距不应小于相邻较大罐直径的 2/3。

【条文释义】 固定容积的可燃气体储罐之间的防火间距如图 4-20 所示。

图 4-20 固定容积的可燃气体储罐之间的防火间距示意
注：储罐间的防火间距不应小于相邻较大罐直径的 2/3

3 固定容积的可燃气体储罐与湿式或干式可燃气体储罐的防火间距，不应小于相邻较大罐直径的 1/2。

【条文释义】 固定容积的可燃气体储罐与湿式或干式可燃气体储罐的防火间距如图 4-21 所示。

图 4-21 固定容积的可燃气体储罐与湿式或干式可燃气体储罐的防火间距示意
注：储罐间的防火间距不应小于相邻较大罐直径的 1/2

4 数个固定容积的可燃气体储罐的总容积大于 200000m³ 时，应分组布置。卧式储罐组之间的防火间距不应小于相邻较大罐长度的一半；球形储罐组之间的防火间距不应小于相邻较大罐直径，且不应小于 20m。

【条文释义】 数个固定容积的可燃气体储罐布置、卧式储罐组之间的防火间距与球形储罐组之间的防火间距如图 4-22 所示。

图 4-22 数个固定容积的可燃气体储罐布置、卧式储罐组之间的防火间距与球形储罐组之间的防火间距示意
注：$V_1 + V_2 + V_3 + V_4 \geq 200000m^3$ 时，应分组布置

4.3.3 氧气储罐与建筑物、储罐、堆场等的防火间距应符合下列规定：

1 湿式氧气储罐与建筑物、储罐、堆场等的防火间距不应小于表4.3.3的规定。

表4.3.3 湿式氧气储罐与建筑物、储罐、堆场等的防火间距（m）

名 称		湿式氧气储罐（总容积 V, m³）		
		$V \leqslant 1000$	$1000 < V \leqslant 50000$	$V > 50000$
明火或散发火花地点		25	30	35
甲、乙、丙类液体储罐，可燃材料堆场，甲类仓库，室外变、配电站		20	25	30
民用建筑		18	20	25
其他建筑	一、二级	10	12	14
	三级	12	14	16
	四级	14	16	18

注：固定容积氧气储罐的总容积按储罐几何容积（m³）和设计储存压力（绝对压力，10⁵Pa）的乘积计算。

2 氧气储罐之间的防火间距不应小于相邻较大罐直径的1/2。

3 氧气储罐与可燃气体储罐的防火间距不应小于相邻较大罐的直径。

4 固定容积的氧气储罐与建筑物、储罐、堆场等的防火间距不应小于表4.3.3的规定。

5 氧气储罐与其制氧厂房的防火间距可按工艺布置要求确定。

6 容积不大于50m³的氧气储罐与其使用厂房的防火间距不限。

注：1m³液氧折合标准状态下800m³气态氧。

4.3.4 液氧储罐与建筑物、储罐、堆场等的防火间距应符合本规范第4.3.3条相应容积湿式氧气储罐防火间距的规定。液氧储罐与其泵房的间距不宜小于3m。总容积小于或等于3m³的液氧储罐与其使用建筑的防火间距应符合下列规定：

【条文释义】 液氧储罐与其泵房的间距如图4-23所示。

图4-23 液氧储罐与其泵房的间距示意

1 当设置在独立的一、二级耐火等级的专用建筑物内时，其防火间距不应小于10m；

2 当设置在独立的一、二级耐火等级的专用建筑物内，且面向使用建筑物一侧采用无门窗洞口的防火墙隔开时，其防火间距不限；

3 当低温储存的液氧储罐采取了防火措施时，其防火间距不应小于 5m。

医疗卫生机构中的医用液氧储罐气源站的液氧储罐应符合下列规定：

1 单罐容积不应大于 5m³，总容积不宜大于 20m³；

2 相邻储罐之间的距离不应小于最大储罐直径的 0.75 倍；

3 医用液氧储罐与医疗卫生机构外建筑的防火间距应符合本规范第 4.3.3 条的规定，与医疗卫生机构内建筑的防火间距应符合现行国家标准《医用气体工程技术规范》GB 50751 的规定。

【条文释义】 医疗卫生机构中的医用液氧储罐气源站的液氧储罐应符合的规定如图 4-24 所示。

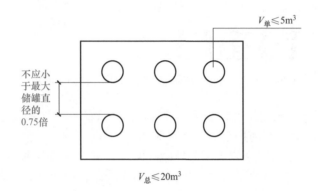

图 4-24 医疗卫生机构中的医用液氧储罐气源站的液氧储罐应符合的规定示意

4.3.5 液氧储罐周围 5m 范围内不应有可燃物和沥青路面。

【条文释义】 液氧储罐布置要求如图 4-25 所示。

图 4-25 液氧储罐布置要求示意

4.3.6 可燃、助燃气体储罐与铁路、道路的防火间距不应小于表 4.3.6 的规定。

表 4.3.6 可燃、助燃气体储罐与铁路、道路的防火间距（m）

名称	厂外铁路线中心线	厂内铁路线中心线	厂外道路路边	厂内道路路边	
				主要	次要
可燃、助燃气体储罐	25	20	15	10	5

【条文释义】可燃、助燃气体储罐与铁路、道路的防火间距如图 4-26 所示。

图 4-26　可燃、助燃气体储罐与铁路、道路的防火间距示意

4.3.7　液氢、液氨储罐与建筑物、储罐、堆场等的防火间距可按本规范第 4.4.1 条相应容积液化石油气储罐防火间距的规定减少 25% 确定。

4.3.8　液化天然气气化站的液化天然气储罐（区）与站外建筑等的防火间距不应小于表 4.3.8 的规定，与表 4.3.8 未规定的其他建筑的防火间距，应符合现行国家标准《城镇燃气设计规范》GB 50028 的规定。

表 4.3.8　液化天然气气化站的液化天然气储罐（区）与站外建筑等的防火间距（m）

名称	液化天然气储罐（区）（总容积 V, m^3）							集中放散装置的天然气放散总管
	$V \leq 10$	$10 < V \leq 30$	$30 < V \leq 50$	$50 < V \leq 200$	$200 < V \leq 500$	$500 < V \leq 1000$	$1000 < V \leq 2000$	
单罐容积 V （m^2）	$V \leq 10$	$V \leq 30$	$V \leq 50$	$V \leq 200$	$V \leq 500$	$V \leq 1000$	$V \leq 2000$	
居住区、村镇和重要公共建筑（最外侧建筑物的外墙）	30	35	45	50	70	90	110	45
工业企业（最外侧建筑物的外墙）	22	25	27	30	35	40	50	20
明火或散发火花地点，室外变、配电站	30	35	45	50	55	60	70	30
其他民用建筑，甲、乙类液体储罐，甲、乙类仓库，甲、乙类厂房，秸秆、芦苇、打包废纸等材料堆场	27	32	40	45	50	55	65	25

名称	液化天然气储罐（区）（总容积 V, m³）							集中放散装置的天然气放散总管
	$V \leqslant 10$	$10 < V \leqslant 30$	$30 < V \leqslant 50$	$50 < V \leqslant 200$	$200 < V \leqslant 500$	$500 < V \leqslant 1000$	$1000 < V \leqslant 2000$	
单罐容积 V （m²）	$V \leqslant 10$	$V \leqslant 30$	$V \leqslant 50$	$V \leqslant 200$	$V \leqslant 500$	$V \leqslant 1000$	$V \leqslant 2000$	
丙类液体储罐，可燃气体储罐，丙、丁类厂房，丙、丁类仓库	25	27	32	35	40	45	55	20
公路（路边） 高速，Ⅰ、Ⅱ级，城市快速	20				25			15
公路（路边） 其他	15				20			10
架空电力线（中心线）	1.5 倍杆高					1.5 倍杆高，但 35kV 及以上架空电力线不应小于 40m		2.0 倍杆高
架空通信线（中心线） Ⅰ、Ⅱ级	1.5 倍杆高		30			40		1.5 倍杆高
架空通信线（中心线） 其他	1.5 倍杆高							
铁路（中心线） 国家线	40	50	60	70		80		40
铁路（中心线） 企业专用线	25			30		35		30

注：居住区、村镇指 1000 人或 300 户及以上者；当少于 1000 人或 300 户时，相应防火间距应按本表有关其他民用建筑的要求确定。

4.4 液化石油气储罐（区）的防火间距

4.4.1 液化石油气供应基地的全压式和半冷冻式储罐（区），与明火或散发火花地点和基地外建筑等的防火间距不应小于表 4.4.1 的规定，与表 4.4.1 未规定的其他建筑的防火间距应符合现行国家标准《城镇燃气设计规范》GB 50028 的规定。

表 4.4.1 液化石油气供应基地的全压式和半冷冻式储罐（区）与明火或散发火花地点和基地外建筑等的防火间距（m）

名称	液化石油气储罐（区）（总容积 V, m³）						
	$30 < V \leqslant 50$	$50 < V \leqslant 200$	$200 < V \leqslant 500$	$500 < V \leqslant 1000$	$1000 < V \leqslant 2500$	$2500 < V \leqslant 5000$	$5000 < V \leqslant 10000$
单罐容积 V （m³）	$V \leqslant 20$	$V \leqslant 50$	$V \leqslant 100$	$V \leqslant 200$	$V \leqslant 400$	$V \leqslant 1000$	$V > 1000$
居住区、村镇和重要公共建筑（最外侧建筑物的外墙）	45	50	70	90	110	130	150
工业企业（最外侧建筑物的外墙）	27	30	35	40	50	60	75

名称		液化石油气储罐（区）（总容积 V, m³）						
		$30 < V \leqslant 50$	$50 < V \leqslant 200$	$200 < V \leqslant 500$	$500 < V \leqslant 1000$	$1000 < V \leqslant 2500$	$2500 < V \leqslant 5000$	$5000 < V \leqslant 10000$
明火或散发火花地点，室外变、配电站		45	50	55	60	70	80	120
其他民用建筑，甲、乙类液体储罐，甲、乙类仓库，甲、乙类厂房，秸秆、芦苇、打包废纸等材料堆场		40	45	50	55	65	75	100
丙类液体储罐，可燃气体储罐，丙、丁类厂房，丙、丁类仓库		32	35	40	45	55	65	80
助燃气体储罐，木材等材料堆场		27	30	35	40	50	60	75
其他建筑	一、二级	18	20	22	25	30	40	50
	三级	22	25	27	30	40	50	60
	四级	27	30	35	40	50	60	75
公路（路边）	高速，I、II级	20	25					30
	III、IV级	15	20					25
架空电力线（中心线）		应符合本规范第 10.2.1 条的规定						
架空通信线（中心线）	I、II级	30			40			
	III、IV级	1.5 倍杆高						
铁路（中心线）	国家线	60	70		80			100
	企业专用线	25	30		35			40

注：1 防火间距应按本表储罐区的总容积或单罐容积的较大者确定。

　　2 当地下液化石油气储罐的单罐容积不大于 50m³，总容积不大于 400m³ 时，其防火间距可按本表的规定减少 50%。

　　3 居住区、村镇指 1000 人或 300 户及以上者；当少于 1000 人或 300 户时，相应防火间距应按本表有关其他民用建筑的要求确定。

4.4.2 液化石油气储罐之间的防火间距不应小于相邻较大罐的直径。

【条文释义】 液化石油气储罐之间的防火间距如图 4-27 所示。

图 4-27 液化石油气储罐之间的防火间距示意

数个储罐的总容积大于 3000m³ 时，应分组布置，组内储罐宜采用单排布置。组与组相邻储罐之间的防火间距不应小于 20m。

【条文释义】 数个储罐的布置与组与组相邻储罐之间的防火间距如图 4-28 和图 4-29 所示。

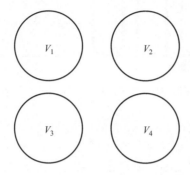

图 4-28　数个储罐的布置示意

注：$V_1+V_2+V_3+V_4 \geqslant 3000\text{m}^3$ 时，应分组布置

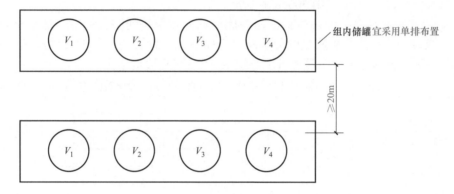

图 4-29　组与组相邻储罐之间的防火间距示意

4.4.3　液化石油气储罐与所属泵房的防火间距不应小于 15m。当泵房面向储罐一侧的外墙采用无门、窗、洞口的防火墙时，防火间距可减至 6m。液化石油气泵露天设置在储罐区内时，储罐与泵的防火间距不限。

【条文释义】 液化石油气储罐与所属泵房的防火间距与液化石油气泵露天设置如图 4-30 和图 4-31 所示。

图 4-30　液化石油气储罐与所属泵房的防火间距示意

储罐区   液化石油气泵

图 4-31　液化石油气泵露天设置示意

4.4.4　全冷冻式液化石油气储罐、液化石油气气化站、混气站的储罐与周围建筑的防火间距，应符合现行国家标准《城镇燃气设计规范》GB 50028 的规定。

工业企业内总容积不大于 10m³ 的液化石油气气化站、混气站的储罐，当设置在专用的独立建筑内时，建筑外墙与相邻厂房及其附属设备的防火间距可按甲类厂房有关防火间距的规定确定。当露天设置时，与建筑物、储罐、堆场等的防火间距应符合现行国家标准《城镇燃气设计规范》GB 50028 的规定。

4.4.5　Ⅰ、Ⅱ级瓶装液化石油气供应站瓶库与站外建筑等的防火间距不应小于表 4.4.5 的规定。瓶装液化石油气供应站的分级及总存瓶容积不大于 1m³ 的瓶装供应站瓶库的设置，应符合现行国家标准《城镇燃气设计规范》GB 50028 的规定。

表 4.4.5　Ⅰ、Ⅱ级瓶装液化石油气供应站瓶库与站外建筑等的防火间距（m）

名称	Ⅰ级		Ⅱ级	
瓶库的总存瓶容积 V（m³）	$6 < V \leqslant 10$	$10 < V \leqslant 20$	$1 < V \leqslant 3$	$3 < V \leqslant 6$
明火或散发火花地点	30	35	20	25
重要公共建筑	20	25	12	15
其他民用建筑	10	15	6	8
主要道路路边	10	10	8	8
次要道路路边	5	5	5	5

注：总存瓶容积应按实瓶个数与单瓶几何容积的乘积计算。

【条文释义】　Ⅰ、Ⅱ级瓶装液化石油气供应站瓶库与站外建筑等的防火间距如图 4-32 ～图 4-35 所示。

图 4-32　瓶库的总存瓶容积 $6m^3 < V \leqslant 10m^3$ 的液化石油气供应站瓶库与站外建筑等的防火间距示意

图 4-33　瓶库的总存瓶容积 $10\text{m}^3 < V \leqslant 20\text{m}^3$ 的液化石油气供应站瓶库与站外建筑等的防火间距示意

图 4-34　瓶库的总存瓶容积 $1\text{m}^3 < V \leqslant 3\text{m}^3$ 的液化石油气供应站瓶库与站外建筑等的防火间距示意

图 4-35　瓶库的总存瓶容积 $3\text{m}^3 < V \leqslant 6\text{m}^3$ 的液化石油气供应站瓶库与站外建筑等的防火间距示意

4.4.6　Ⅰ级瓶装液化石油气供应站的四周宜设置不燃性实体围墙，但面向出入口一侧可设置不燃性非实体围墙。

【条文释义】　Ⅰ级瓶装液化石油气供应站围墙的设置如图 4-36 所示。

四周宜设置不燃性实体围
墙，但面向出入口一侧可
设置不燃性非实体围墙

图 4-36　Ⅰ级瓶装液化石油气供应站围墙的设置示意

Ⅱ级瓶装液化石油气供应站的四周宜设置不燃性实体围墙，或下部实体部分高度不低于 0.6m 的围墙。

4.5　可燃材料堆场的防火间距

4.5.1　露天、半露天可燃材料堆场与建筑物的防火间距不应小于表 4.5.1 的规定。

表 4.5.1　露天、半露天可燃材料堆场与建筑物的防火间距（m）

名称	一个堆场的总储量	建筑物		
		一、二级	三级	四级
粮食席穴囤 W（t）	$10 \leqslant W < 5000$	15	20	25
	$5000 \leqslant W < 20000$	20	25	30
粮食土圆仓 W（t）	$500 \leqslant W < 10000$	10	15	20
	$10000 \leqslant W < 20000$	15	20	25
棉、麻、毛、化纤、百货 W（t）	$10 \leqslant W < 500$	10	15	20
	$500 \leqslant W < 1000$	15	20	25
	$1000 \leqslant W < 5000$	20	25	30
秸秆、芦苇、打包废纸等 W（t）	$10 \leqslant W < 5000$	15	20	25
	$5000 \leqslant W < 10000$	20	25	30
	$W \geqslant 10000$	25	30	40
木材等 V（m³）	$50 \leqslant V < 1000$	10	15	20
	$1000 \leqslant V < 10000$	15	20	25
	$V \geqslant 10000$	20	25	30
煤和焦炭 W（t）	$100 \leqslant W < 5000$	6	8	10
	$W \geqslant 5000$	8	10	12

注：露天、半露天秸秆、芦苇、打包废纸等材料堆场，与甲类厂房（仓库）、民用建筑的防火间距应根据建筑物的耐火等级分别按本表的规定增加 25% 且不应小于 25m，与室外变、配电站的防火间距不应小于 50m，与明火或散发火花地点的防火间距应按本表四级耐火等级建筑物的相应规定增加 25%。

当一个木材堆场的总储量大于 25000m³ 或一个秸秆、芦苇、打包废纸等材料堆场的总储量大于 20000t 时，宜分设堆场。各堆场之间的防火间距不应小于相邻较大堆场与四级耐火等级建筑物的防火间距。

不同性质物品堆场之间的防火间距，不应小于本表相应储量堆场与四级耐火等级建筑物防火间距的较大值。

4.5.2 露天、半露天可燃材料堆场与甲、乙、丙类液体储罐的防火间距，不小于本规范表 4.2.1 和表 4.5.1 中相应储量堆场与四级耐火等级建筑物防火间距的较大值。

4.5.3 露天、半露天秸秆、芦苇、打包废纸等材料堆场与铁路、道路的防火间距不应小于表 4.5.3 的规定，其他可燃材料堆场与铁路、道路的防火间距可根据材料的火灾危险性按类比原则确定。

表 4.5.3　露天、半露天可燃材料堆场与铁路、道路的防火间距（m）

名称	厂外铁路线中心线	厂内铁路线中心线	厂外道路路边	厂内道路路边	
				主要	次要
秸秆、芦苇、打包废纸等材料堆场	30	20	15	10	5

【条文释义】　露天、半露天可燃材料堆场与铁路、道路的防火间距如图 4-37 所示。

图 4-37　露天、半露天可燃材料堆场与铁路、道路的防火间距示意

5 民用建筑

5.1 建筑分类和耐火等级

5.1.1 民用建筑根据其建筑高度和层数可分为单、多层民用建筑和高层民用建筑。高层民用建筑根据其建筑高度、使用功能和楼层的建筑面积可分为一类和二类。民用建筑的分类应符合表 5.1.1 的规定。

表 5.1.1 民用建筑的分类

名称	高层民用建筑		单、多层民用建筑
	一类	二类	
住宅建筑	建筑高度大于 54m 的住宅建筑（包括设置商业服务网点的住宅建筑）	建筑高度大于 27m，但不大于 54m 的住宅建筑（包括设置商业网点的住宅建筑）	建筑高度不大于 27m 的住宅建筑（包括设置商业网点的住宅建筑）
公共建筑	1. 建筑高度大于 50m 的公共建筑； 2. 建筑高度 24m 以上部分任一楼层建筑面积大于 1000m² 的商店、展览、电信、邮政、财贸金融建筑和其他多种功能组合的建筑； 3. 医疗建筑、重要公共建筑、<u>独立建造的老年人照料设施</u>； 4. 省级及以上的广播电视和防火指挥调度建筑、网局级和省级电力调度建筑； 5. 藏书超过 100 万册的图书馆、书库	除一类高层公共建筑外的其他高层建筑	1. 建筑高度大于 24m 的单层公共建筑； 2. 建筑高度不大于 24m 的其他公共建筑

注：1 表中未列入的建筑，其类别应根据本表类比确定。
2 除本规范另有规定外，宿舍、公寓等非住宅类居住建筑的防火要求，应符合本规范有关公共建筑的规定。
3 除本规范另有规定外，裙房的防火要求应符合本规范有关高层民用建筑的规定。

【条文释义】 民用建筑的分类如图 5-1～图 5-6 所示。

(a)一类住宅建筑剖面　　(b)一类公共建筑剖面(1)　　(c)一类公共建筑剖面(2)

图 5-1 一类高层民用建筑及其裙房示意

图 5-2　二类公共建筑剖面示意

图 5-3　二类住宅建筑剖面示意

图 5-4　单、多层民用建筑示意　　图 5-5　其他公共建筑示意　　图 5-6　单层公共建筑示意

5.1.2　民用建筑的耐火等级可分为一、二、三、四级。除本规范另有规定外，不同耐火等级建筑相应构件的燃烧性能和耐火极限不应低于表 5.1.2 的规定。

表 5.1.2　不同耐火等级建筑相应构件的燃烧性能和耐火极限（h）

构件名称		耐火等级			
		一级	二级	三级	四级
墙	防火墙	不燃性 3.00	不燃性 3.00	不燃性 3.00	不燃性 3.00
	承重墙	不燃性 3.00	不燃性 2.50	不燃性 2.00	难燃性 0.50
	非承重墙	不燃性 1.00	不燃性 1.00	不燃性 0.50	燃烧体
	楼梯间和前室的墙 电梯井的墙 住宅建筑单元之间的墙 和分户墙	不燃性 2.00	不燃性 2.00	不燃性 1.50	难燃性 0.50
	疏散走道两侧的隔墙	不燃性 1.00	不燃性 1.00	不燃性 0.50	难燃性 0.25
	房间隔墙	不燃性 0.75	不燃性 0.50	难燃性 0.50	难燃性 0.25
柱		不燃性 3.00	不燃性 2.50	不燃性 2.00	难燃性 0.50

构件名称	耐火等级			
	一级	二级	三级	四级
梁	不燃性 2.00	不燃性 1.50	不燃性 1.00	难燃性 0.50
楼板	不燃性 1.50	不燃性 1.00	不燃性 0.50	可燃性
屋顶承重构件	不燃性 1.50	不燃性 1.00	可燃性 0.50	可燃性
疏散楼梯	不燃性 1.50	不燃性 1.00	不燃性 0.50	可燃性
吊顶（包括吊顶搁栅）	不燃性 0.25	不燃性 0.25	难燃性 0.15	可燃性

注：1 除本规范另有规定外，以木柱承重且墙体采用不燃材料的建筑，其耐火等级应按四级确定。
2 住宅建筑构件的耐火极限和燃烧性能可按现行国家标准《建筑设计规范》GB 50368 的规定执行。

【条文释义】 不同耐火等级建筑相应构件的燃烧性能和耐火极限如图 5-7～图 5-10 所示。
1. 耐火等级为一、二级的民用建筑的相应构件的耐火极限（图 5-7）

图 5-7 耐火等级为一、二级的民用建筑的相应构件示意

注：图示中的各类墙体凡用做承重墙者均为不燃性材料，其耐火极限：一级 ≥ 3.00h，
二级 ≥ 2.5h；须用做防火墙者均为不燃性材料，其耐火极限均 ≥ 3.00h

2. 耐火等级为三级的民用建筑的相应构件的耐火极限（图5-8）

图 5-8　耐火等级为三级的民用建筑的相应构件示意图

注：图示中的各类墙体凡用作承重墙者均为不燃性材料，其耐火极限≥2.00h；
须用作防火墙者均为不燃性材料，其耐火极限均≥3.00h

3. 耐火等级为四级的民用建筑的相应构件的耐火极限（图5-9）

图 5-9

图 5-9　耐火等级为四级的民用建筑的相应构件示意

注：图示中的各类墙体凡用作承重墙者均为难燃性材料，其耐火极限≥ 0.5h；
用作防火墙者均为不燃性材料，其耐火极限均≥ 3.00h

图 5-10　以木柱承重且墙体采用不燃材料建筑示意

5.1.3　民用建筑的耐火等级应根据其建筑高度、使用功能、重要性和火灾扑救难度等确定，并应符合下列规定：

　　1　地下或半地下建筑（室）和一类高层建筑的耐火等级不应低于一级；

【条文释义】　地下或半地下建筑（室）和一类高层建筑的耐火等级如图 5-11 和图 5-12 所示。

(a) 民用建筑的半地下室　　　　　　　　　　(b) 民用建筑的地下室

图 5-11　地下或半地下建筑（室）的耐火等级示意

图 5-12 一类高层民用建筑的耐火等级示意

2 单、多层重要公共建筑和二类高层建筑的耐火等级不应低于二级。

【条文释义】 单、多层重要公共建筑和二类高层建筑的耐火等级如图 5-13 和图 5-14 所示。

图 5-13 单、多层重要公共建筑的耐火等级示意   图 5-14 二类高层建筑的耐火等级示意

5.1.3A 除木结构建筑外，老年人照料设施的耐火等级不应低于三级。

【条文释义】 老年人照料设施的耐火等级如图 5-15 所示。

图 5-15 老年人照料设施的耐火等级示意

5.1.4 建筑高度大于 100m 的民用建筑，其楼板的耐火极限不应低于 2.00h。

【条文释义】 建筑高度大于 100m 的民用建筑楼板耐火极限如图 5-16 所示。

图 5-16　建筑高度大于 100m 的民用建筑耐火等级示意

一、二级耐火等级建筑的上人平屋顶，其屋面板的耐火极限分别不应低于 1.50h 和 1.00h。

【条文释义】　一、二级耐火等级建筑的上人平屋顶屋面板的耐火极限如图 5-17 所示。

图 5-17　一、二级耐火等级建筑的上人平屋顶屋面板的耐火极限示意

5.1.5　一、二级耐火等级建筑的屋面板应采用不燃材料。

屋面防水层宜采用不燃、难燃材料，当采用可燃防水材料且铺设在可燃、难燃保温材料上时，防水材料或可燃、难燃保温材料应采用不燃材料作防护层。

【条文释义】　一、二级耐火等级建筑的屋面板如图 5-18 所示。

图 5-18　一、二级耐火等级建筑的屋面板示意

5.1.6 二级耐火等级建筑内采用难燃性墙体的房间隔墙，其耐火极限不应低于 0.75h；当房间的建筑面积不大于 100m² 时，房间隔墙可采用耐火极限不低于 0.50h 的难燃性墙体或耐火极限不低于 0.30h 的不燃性墙体。

【条文释义】 二级耐火等级建筑的房间隔墙如图 5-19 所示。

图 5-19　二级耐火等级建筑的房间隔墙示意

二级耐火等级多层住宅建筑内采用预应力钢筋混凝土的楼板，其耐火极限不应低于 0.75h。

【条文释义】 二级耐火等级多层住宅建筑如图 5-20 所示。

图 5-20　二级耐火等级多层住宅建筑示意

5.1.7 建筑中的非承重外墙、房间隔墙和屋面板，当确需采用金属夹芯板材时，其芯材应为不燃材料，且耐火极限应符合本规范有关规定。

5.1.8 二级耐火等级建筑内采用不燃材料的吊顶，其耐火极限不限。

【条文释义】 二级耐火等级建筑吊顶如图 5-21 所示。

三级耐火等级的医疗建筑、中小学校的教学建筑、老年人照料设施及托儿所、幼儿园的儿童用房和儿童游乐厅等儿童活动场所的吊顶，应采用不燃材料；当采用难燃材料时，其耐火极限不应低于 0.25h。

【条文释义】 三级耐火等级的医疗建筑、中小学校的教学建筑、老年人照料设施及托儿所、幼儿园的儿童用房和儿童游乐厅等儿童活动场所的吊顶如图 5-22 所示。

图 5-21　二级耐火等级建筑吊顶示意

图 5-22　三级耐火等级的医疗建筑、中小学校的
教学建筑、老年人照料设施及托儿所、幼儿园的
儿童用房和儿童游乐厅等儿童活动场所的吊顶示意

二、三级耐火等级建筑内门厅、走道的吊顶应采用不燃材料。

【条文释义】　二、三级耐火等级建筑内门厅、走道如图 5-23 所示。

图 5-23　二、三级耐火等级建筑内门厅、走道示意

5.1.9　建筑内预制钢筋混凝土构件的节点外露部位，应采取防火保护措施，且节点的耐火极限不应低于相应构件的耐火极限。

【条文释义】　建筑内预制钢筋混凝土构件的节点外露部位如图 5-24 和图 5-25 所示。

图 5-24　建筑内预制钢筋混凝土构件的节点外露部位示意（1）

建筑内预制钢筋混凝土构件的节点外露部分，应采取防火保护措施，且节点的耐火极限不应低于相应构件的耐火极极

图 5-25 建筑内预制钢筋混凝土构件的节点外露部位示意（2）

5.2 总平面布局

5.2.1 在总平面布局中，应合理确定建筑的位置、防火间距、消防车道和消防水源等，不宜将民用建筑布置在甲、乙类厂（库）房，甲、乙、丙类液体储罐，可燃气体储罐和可燃材料堆场的附近。

【条文释义】 民用建筑布置禁忌如图 5-26 所示。

图 5-26 民用建筑布置禁忌示意

5.2.2 民用建筑之间的防火间距不应小于表 5.2.2 的规定，与其他建筑的防火间距，除应符合本节规定外，尚应符合本规范其他章的有关规定。

表 5.2.2　民用建筑之间的防火间距（m）

建筑类别		高层民用建筑	裙房和其他民用建筑		
		一、二级	一、二级	三级	四级
高层民用建筑	一、二级	13	9	11	14
裙房和其他民用建筑	一、二级	9	6	7	9
	三级	11	7	8	10
	四级	14	9	10	12

注：1 相邻两座单、多层建筑，当相邻外墙为不燃性墙体且无外露的可燃性屋檐，每面外墙上无防火保护的门、窗、洞口不正对开设且该门、窗、洞口的面积之和不大于外墙面积的5%时，其防火间距可按本表的规定减少25%。

【条文释义】　民用建筑之间的防火间距如图 5-27 所示。

图 5-27　民用建筑之间的防火间距示意

2　两座建筑相邻较高一面外墙为防火墙，或高出相邻较低一座一、二级耐火等级建筑的屋面 15m 及以下范围内的外墙为防火墙时，其防火间距不限。

【条文释义】　两座民用建筑相邻时防火间距如图 5-28 和图 5-29 所示。

图 5-28　两座建筑相邻建筑防火间距示意（1）　　图 5-29　两座建筑相邻建筑防火间距示意（2）

注：两座建筑高出相邻较低一座一、二级耐火等级建筑的屋面 15m 及以下范围内的外墙为防火墙时，其防火间距不限。

3　相邻两座高度相同的一、二级耐火等级建筑中相邻任一侧外墙为防火墙，屋顶的耐火极限不低于 1.00h 时，其防火间距不限。

【条文释义】　相邻两座高度相同的一、二级耐火等级民用建筑防火间距和耐火等级如

图 5-30 所示。

图 5-30　相邻两座高度相同的一、二级耐火等级民用建筑防火间距和耐火等级示意

4　相邻两座建筑中较低一座建筑的耐火等级不低于二级，相邻较低一面外墙为防火墙且屋顶无天窗，屋顶的耐火极限不低于 1.00h 时，其防火间距不应小于 3.5m；对于高层建筑，不应小于 4m。

【条文释义】　相邻两座民用建筑中较低一座建筑的防火等级和耐火等级如图 5-31 所示。

图 5-31　相邻两座民用建筑中较低一座建筑示意图

5　相邻两座建筑中较低一座建筑的耐火等级不低于二级且屋顶无天窗，相邻较高一面外墙高出较低一座建筑的屋面 15m 及以下范围内的开口部位设置甲级防火门、窗，或设置符合现行国家标准《自动喷水灭火系统设计规范》GB 50084 规定的防火分隔水幕或本规范第 6.5.3 条规定的防火卷帘时，其防火间距不应小于 3.5m；对于高层建筑，不应小于 4m。

【条文释义】　两座相邻民用建筑中的防火等级和耐火等级如图 5-32 所示。

图 5-32　两座相邻民用建筑中的防火等级和耐火等级示意

6 相邻建筑通过连廊、天桥或底部的建筑物等连接时，其间距不应小于本表的规定。

7 耐火等级低于四级的既有建筑，其耐火等级可按四级确定。

5.2.3 民用建筑与单独建造的变电站的防火间距应符合本规范第 3.4.1 条有关室外变、配电站的规定，但与单独建造的终端变电站的防火间距，可根据变电站的耐火等级按表 5.2.3 有关民用建筑的规定确定。

民用建筑与 10kV 及以下的预装式变电站的防火间距不应小于 3m。

【条文释义】 民用建筑与 10kV 及以下的预装式变电站的防火间距如图 5-33 所示。

图 5-33 民用建筑与 10kV 及以下的预装式变电站的防火间距示意

民用建筑与燃油、燃气或燃煤锅炉房的防火间距应符合本规范第 3.4.1 条有关丁类厂房的规定，但与单台蒸汽锅炉的蒸发量不大于 4t/h 或单台热水锅炉的额定热功率不大于 2.8MW 的燃煤锅炉房的防火间距，可根据锅炉房的耐火等级按表 5.2.2 有关民用建筑的规定确定。

5.2.4 除高层民用建筑外，数座一、二级耐火等级的住宅建筑或办公建筑，当建筑物的占地面积总和不大于 2500m² 时，可成组布置，但组内建筑物之间的间距不宜小于 4m。组与组或组与相邻建筑物的防火间距不应小于本规范 5.2.2 条的规定。

【条文释义】 除高层民用建筑外，数座一、二级耐火等级的住宅建筑或办公建筑的布置和防火间距如图 5-34 所示。

图 5-34 除高层民用建筑外，数座一、二级耐火等级的住宅建筑或办公建筑的布置和防火间距示意

5.2.5 民用建筑与燃气调压站、液化石油气气化站或混气站、城市液化石油气供应站瓶库等的防火间距，应符合现行国家标准《城镇燃气设计规范》GB 50028 的规定。

5.2.6 建筑高度大于 100m 的民用建筑与相邻建筑的防火间距，当符合本规范第 3.4.5 条、第 3.5.3 条、第 4.2.1 条和第 5.2.2 条允许减小的条件时，仍不应减小。

5.3 防火分区和层数

5.3.1 除本规范另有规定外，不同耐火等级建筑的允许建筑高度或层数、防火分区最大允许建筑面积应符合表 5.3.1 的规定。

表 5.3.1 不同耐火等级建筑的允许建筑高度或层数、防火分区最大允许建筑面积

名称	耐火等级	允许建筑高度或层数	防火分区的最大允许建筑面积（m²）	备注
高层民用建筑	一级 二级	按本规范第 5.1.1 条确定	1500	对于体育场、剧场的观众厅，防火分区的最大允许建筑面积可适当增加
单、多层民用建筑	一级 二级	按本规范第 5.1.1 条确定	2500	
	三级	5 层	1200	
	四级	2 层	600	
地下或半地下建筑（室）	一级	—	500	设备用房的防火分区最大允许建筑面积不应大于 1000m²

【条文释义】 不同耐火等级建筑的允许建筑高度或层数、防火分区最大允许建筑面积如图 5-35～图 5-38 所示。

(a) 独立建造的一、二级耐火极限等级老年人照料设施 (b) 独立建造的三级耐火等级老年人照料设施

图 5-35 独立建造的老年人照料设施的允许建筑高度示意 图 5-36 三级耐火等级的多层民用建筑示意

图 5-37　四级耐火等级的多层　　　　图 5-38　高层民用和单、多层民用建筑
民用建筑允许层数示意　　　　　　　最大允许建筑面积示意

注：1 表中规定的防火分区最大允许建筑面积，当建筑内设置自动灭火系统时，可按本表的规定增加 1.0 倍；局部设置时，防火分区的增加面积可按该局部面积的 1.0 倍计算。

【条文释义】 高层民用和单、多层民用建筑及地下、半地下建筑（室）全部和局部设置自动灭火系统时防火分区的最大允许建筑面积如图 5-39 和图 5-40 所示。

图 5-39　高层民用和单、多层民用　　　　图 5-40　高层民用和单、多层民用
建筑及地下、半地下建筑（室）全部　　　　建筑及地下、半地下建筑（室）局部
设置自动灭火系统时防火分区最大　　　　设置自动灭火系统时防火分区
允许面积示意　　　　　　　　　　　　　最大允许面积示意

2 裙房与高层建筑主体之间设置防火墙时，裙房的防火分区可按单、多层建筑的要求确定。

【条文释义】 裙房与高层建筑主体之间设置防火墙，裙房的防火分区如图 5-41 所示。

图 5-41　裙房与高层建筑主体之间设置防火墙时的防火分区示意

【条文释义】　建筑内设置自动扶梯、敞开楼梯等上、下层相连通的开口，其防火分区的建筑面积如图 5-42 所示。

图 5-42　建筑内自动扶梯、敞开楼梯防火分区的建筑面积示意

注：以自动扶梯为例，其防火分区面积（A）应按上下层联通面积叠加计算，即 $A=A_1+A_2+A_3+\cdots+A_n$，当 $A>$ 第 5.3.1 条规定时，其超出防火分区允许面积的楼层及该层以上均应在扶梯四周设防火卷帘或采取其他措施，以划分防护分区

1.00h 的非隔热性防火玻璃墙时，应设置自动喷水灭火系统进行保护；采用防火卷帘时，其耐火极限不应低于 3.00h，并应符合本规范第 6.5.3 条的规定；与中庭相连通的门、窗，应采用火灾时能自行关闭的甲级防火门、窗；

    2 高层建筑内的中庭回廊应设置自动喷水灭火系统和火灾自动报警系统；

    3 中庭应设置排烟设施；

    4 中庭内不应布置可燃物。

【条文释义】 建筑内设置中庭时，其防火分区的建筑面积如图 5-43 所示。

图 5-43　建筑内的中庭防火分区的建筑面积示意

5.3.3 防火分区之间应采用防火墙分隔，确有困难时，可采用防火卷帘等防火分隔设施分隔。采用防火卷帘分隔时，应符合本规范第 6.5.3 条的规定。

【条文释义】 防火分区之间采用的分隔如图 5-44 所示。

图 5-44　防火分区之间采用的分隔示意

5.3.4 一、二级耐火等级建筑内的商店营业厅、展览厅，当设置自动灭火系统和火灾自动报警系统并采用不燃或难燃装修材料时，其每个防火分区的最大允许建筑面积应符合下列规定：

    1 设置在高层建筑内时，不应大于4000m²；

【条文释义】 一、二级耐火等级高层建筑内的商店营业厅、展览厅设置自动灭火系统和火灾自动报警系统并采用不燃或难燃装修材料，每个防火分区的最大允许建筑面积如图5-45所示。

图5-45 一、二级耐火等级建筑内的商店营业厅、展览厅防火分区最大允许建筑面积示意

    注：一、二级耐火等级的高层建筑内的商业营业厅、展览厅，当设置自动灭火系统和火灾自动报警系统并采用不燃或难燃装修材料时，其每个防火分区的最大允许建筑面积符合下列规定：当设置在高层建筑内时，其每个防火分区最大允许建筑面积≤4000m²

    2 设置在单层建筑或仅设置在多层建筑的首层内时，不应大于10000m²；

【条文释义】 一、二级耐火等级单层建筑或仅设置在多层建筑的首层内的商店营业厅、展览厅设置自动灭火系统和火灾自动报警系统并采用不燃或难燃装修材料，每个防火分区的最大允许建筑面积如图5-46所示。

图5-46 单层建筑或仅设置在多层建筑的首层防火分区最大允许建筑面积示意

    注：设置在一、二级耐火等级的单层建筑或仅设置在多层建筑的首层内时，其防火分区最大允许建筑面积应≤10000m²

3 设置在地下或半地下时，不应大于 2000m²。

【条文释义】 一、二级耐火等级地下或半地下内的商店营业厅、展览厅设置自动灭火系统和火灾自动报警系统并采用不燃或难燃装修材料，每个防火分区的最大允许建筑面积如图 5-47 所示。

当设置有火灾自动报警系统和自动灭火系统，且采用不燃烧或难燃烧材料装修时，地下、半地下部分的防火分区允许建筑面积不应大于2000m²

图 5-47　地下、半地下营业厅、展览厅防火分区最大允许建筑面积示意

5.3.5 总建筑面积大于 20000m² 的地下或半地下商店，应采用无门、窗、洞口的防火墙、耐火极限不低于 2.00h 的楼板分隔为多个建筑面积不大于 20000m² 的区域。相邻区域确需局部连通时，应采用下沉式广场等室外开敞空间、防火隔间、避难走道、防烟楼梯间等方式进行连通，并应符合下列规定：

【条文释义】 总建筑面积大于 20000m² 的地下或半地下商店，应采用无门、窗、洞口的防火墙、耐火极限不低于 2.00h 的楼板分隔为多个建筑面积不大于 20000m² 的区域。相邻区域确需局部连通时，应采用下沉式广场等室外开敞空间、防火隔间、避难走道、防烟楼梯间等方式进行连通，如图 5-48 所示。

虚线为分隔区域内的防火分区示意

当地下或半地下商店总建筑面积＞20000m²时，应采用无门、窗、洞口的防火墙、耐火极限≥2.00h的楼板分隔成面积≤20000m²的区域。相邻区域确需局部连通时，应按后面的图示进行防火分隔

图 5-48　总建筑面积大于 20000m² 的地下或半地下商店防火分区示意

1 下沉式广场等室外开敞空间应能防止相邻区域的火灾蔓延和便于安全疏散，并应符合本规范第 6.4.12 条的规定；

【条文释义】 下沉式广场等室外开敞空间应能防止相邻区域的火灾蔓延和便于安全疏散，如图 5-49 所示。

图 5-49　下沉式广场防火设置示意

2　防火隔间的墙应为耐火极限不低于 3.00h 的防火隔墙，并应符合本规范第 6.4.13 条的规定；

【条文释义】　防火隔间墙的设置如图 5-50 所示。

图 5-50　防火隔间墙的设置示意

3　避难走道应符合本规范第 6.4.14 条的规定；

【条文释义】　避难走道的规定如图 5-51 所示。

图 5-51　避难走道的规定示意

4 防烟楼梯间的门应采用甲级防火门。

【条文释义】 防烟楼梯间的设置要求如图 5-52 所示。

防烟楼梯间和
前室

防火墙

火灾时能自行关
闭的常开式甲级
防火门

图 5-52 防烟楼梯间的设置要求示意

5.3.6 餐饮、商店等商业设施通过有顶棚的步行街连接，且步行街两侧的建筑需利用步行街进行安全疏散时，应符合下列规定：
　　1　步行街两侧建筑的耐火等级不应低于二级。

【条文释义】 步行街两侧建筑的耐火等级如图 5-53 所示。

有顶棚步行街

步行街
两侧建
筑的耐
火等级
不应低
于二级

图 5-53 步行街两侧建筑的耐火等级示意

　　2　步行街两侧建筑相对面的最近距离均不应小于本规范对相应高度建筑的防火间距要求且不应小于 9m。步行街的端部在各层均不宜封闭，确需封闭时，应在外墙上设置可开启的门窗，且可开启门窗的面积不应小于该部位外墙面积的一半。步行街的长度不宜大于 300m。

【条文释义】 步行街两侧建筑和步行街端部设置要求如图 5-54 所示。

步行街两侧建筑物耐火等级不应低于二级

步行街的端部在每层均不宜封闭,确需封闭时,应在外墙上设置可开启的门窗,且可开启门窗的面积不应小于该部位外墙面积的一半

步行街两侧建筑相对面的最近距离H均不应小于规范对相应高度建筑的防火间距要求且不应小于9m

图 5-54 步行街两侧建筑和步行街端部的设置要求示意

3 步行街两侧建筑的商铺之间应设置耐火极限不低于 2.00h 的防火隔墙,每间商铺的建筑面积不宜大于 300m²。

【条文释义】 步行街两侧建筑的商铺的耐火极限和建筑面积如图 5-55 所示。

步行街两侧建筑的商铺之间均应采用耐火极限不低于2.00h的墙体分隔。每间商铺的建筑面积不宜大于300m²

图 5-55 步行街两侧建筑的商铺的耐火极限和建筑面积示意

4 步行街两侧建筑的商铺,其面向步行街一侧的围护构件的耐火极限不应低于 1.00h,并宜采用实体墙,其门、窗应采用乙级防火门、窗;当采用防火玻璃墙(包括门、窗)时,其耐火隔热性和耐火完整性不应低于 1.00h;当采用耐火完整性不低于 1.00h 的非隔热性防火玻璃墙(包括门、窗)时,应设置闭式自动喷水灭火系统进行保护。相邻商铺之间面向步行街一侧应设置宽度不小于 1.0m、耐火极限不低于 1.00h 的实体墙。

【条文释义】 步行街两侧建筑的商铺，其面向步行街一侧的防火设置要求如图 5-56 所示。

图 5-56 步行街两侧建筑的商铺，其面向步行街一侧的防火设置要求示意

当步行街两侧的建筑为多个楼层时，每层面向步行街一侧的商铺均应设置防止火灾竖向蔓延的措施，并应符合本规范第 6.2.5 条的规定；设置回廊或挑檐时，其出挑宽度不应小于 1.2m；步行街两侧的商铺在上部各层需设置回廊和连接天桥时，应保证步行街上部各层楼板的开口面积不应小于步行街地面面积的 37%，且开口宜均匀布置。

【条文释义】 步行街两侧的建筑为多个楼层，每层面向步行街一侧的商铺和设置回廊或挑檐时的要求如图 5-57 所示。

图 5-57 步行街两侧的建筑为多个楼层，每层面向步行街一侧的商铺和回廊或挑檐时的要求示意

5 步行街两侧建筑内的疏散楼梯应靠外墙设置并宜直通室外，确有困难时，可在首层直接通至步行街；首层商铺的疏散门可直接通至步行街，步行街内任一点到达最近室外安全地点的步行距离不应大于 60m。步行街两侧建筑二层及以上各层商铺的疏散门至该层最近疏散楼梯口或其他安全出口的直线距离不应大于 37.5m。

【条文释义】 步行街两侧建筑内的疏散楼梯、首层商铺的疏散门及步行街两侧建筑二层及以上各层商铺的疏散门的设置要求如图5-58和图5-59所示。

图 5-58　步行街两侧建筑内的疏散楼梯、首层商铺的疏散门的设置要求示意

注：最近室外安全地点的步行距离应≤60m（a+b≤60m）

图 5-59　步行街两侧建筑二层及以上各层商铺的疏散门的设置要求示意

注：步行街两侧建筑二层及以上各层商铺的疏散门至该层最近疏散楼梯口或
其他安全出口的直线距离应≤37.5m（a+b+c≤37.5m）

6　步行街的顶棚材料应采用不燃或难燃材料，其承重结构的耐火极限不应低于1.00h。步行街内不应布置可燃物。

【条文释义】 步行街的顶棚如图5-60所示。

图 5-60　步行街顶棚示意

7 步行街的顶棚下檐距地面的高度不应小于 6.0m，顶棚应设置自然排烟设施并宜采用常开式的排烟口，且自然排烟口的有效面积不应小于步行街地面面积的 25%。常闭式自然排烟设施应能在火灾时手动和自动开启。

8 步行街两侧建筑的商铺外应每隔 30m 设置 DN65 的消火栓，并应配备消防软管卷盘或消防水龙，商铺内应设置自动喷水灭火系统和火灾自动报警系统；每层回廊均应设置自动喷水灭火系统。步行街内宜设置自动跟踪定位射流灭火系统。

9 步行街两侧建筑的商铺内外均应设置疏散照明、灯光疏散指示标志和消防应急广播系统。

【条文释义】 步行街的顶棚布置如图 5-61 所示。

图 5-61 步行街的顶棚布置示意

5.4 平面布置

5.4.1 民用建筑的平面布置应结合建筑的耐火等级、火灾危险性、使用功能和安全疏散等因素合理布置。

5.4.2 除为满足民用建筑使用功能所设置的附属库房外，民用建筑内不应设置生产车间和其他库房。

【条文释义】 民用建筑平面布置要求如图 5-62 所示。

图 5-62 民用建筑平面布置要求示意

经营、存放和使用甲、乙类火灾危险性物品的商店、作坊和储藏间，严禁附设在民用建筑内。

【条文释义】 严禁附设在民用建筑内的规定如图5-63所示。

图5-63　严禁附设在民用建筑内的规定示意

5.4.3　商店建筑、展览建筑采用三级耐火等级建筑时，不应超过2层；采用四级耐火等级建筑时，应为单层。营业厅、展览厅设置在三级耐火等级的建筑内时，应布置在首层或二层；设置在四级耐火等级的建筑内时，应布置在首层。

【条文释义】 商店建筑、展览建筑的规定如图5-64和图5-65所示。

图5-64　三级耐火等级商店建筑和展览建筑的规定示意

a，b—均代表商店建筑、展览建筑

图5-65　四级耐火等级商店建筑和展览建筑的规定示意

a，b—均代表商店建筑、展览建筑

营业厅、展览厅不应设置在地下三层及以下楼层。地下或半地下营业厅、展览厅不应经营、储存和展示甲、乙类火灾危险性物品。

【条文释义】 营业厅、展览厅和地下或半地下营业厅、展览厅的规定如图5-66所示。

图5-66 营业厅、展览厅和地下或半地下营业厅、展览厅的规定示意

5.4.4 托儿所、幼儿园的儿童用房和儿童游乐厅等儿童活动场所宜设置在独立的建筑内，且不应设置在地下或半地下；当采用一、二级耐火等级的建筑时，不应超过3层；采用三级耐火等级的建筑时，不应超过2层；采用四级耐火等级的建筑时，应为单层；确需设置在其他民用建筑内时，应符合下列规定：

【条文释义】 托儿所、幼儿园的儿童用房和儿童游乐厅等儿童活动场所的规定如图5-67所示。

图5-67 托儿所、幼儿园的儿童用房和儿童游乐厅等儿童活动场所的规定示意

1 设置在一、二级耐火等级的建筑内时，应布置在首层、二层或三层；

【条文释义】 托儿所、幼儿园的儿童用房和儿童游乐厅等儿童活动场所设置在一、二级耐火等级的建筑内的规定如图5-68所示。

2 设置在三级耐火等级的建筑内时，应布置在首层或二层；

图 5-68　一、二级耐火等级的建筑内的规定示意

a，b，c—均为托儿所、幼儿园的儿童用房和儿童游乐厅等儿童活动场

【条文释义】　托儿所、幼儿园的儿童用房和儿童游乐厅等儿童活动场所设置在三级耐火等级的建筑内的要求如图 5-69 所示。

图 5-69　三级耐火等级的建筑内的要求示意

a，b，c—均为托儿所、幼儿园的儿童用房和儿童游乐厅等儿童活动场

3　设置在四级耐火等级的建筑内时，应布置在首层；

【条文释义】　托儿所、幼儿园的儿童用房和儿童游乐厅等儿童活动场所设置在四级耐火等级的建筑内的要求如图 5-70 所示。

图 5-70　四级耐火等级的建筑内的要求示意

a，b，c—均为托儿所、幼儿园的儿童用房和儿童游乐厅等儿童活动场

4 设置在高层建筑内时，应设置独立的安全出口和疏散楼梯；

【条文释义】 托儿所、幼儿园的儿童用房和儿童游乐厅等儿童活动场所设置在高层建筑内的安全出口和疏散楼梯如图5-71所示。

图 5-71 设置在高层建筑内的儿童用房和儿童活动场所的安全出口和疏散楼梯示意

5 设置在单、多层建筑内时，宜设置独立的安全出口和疏散楼梯。

【条文释义】 托儿所、幼儿园的儿童用房和儿童游乐厅等儿童活动场所设置在单、多层建筑内时的要求如图5-72所示。

图 5-72 儿童用房和儿童活动场所设置在单、多层建筑内时的示意

5.4.4A 老年人照料设施宜独立设置。当老年人照料设施与其他建筑上、下组合时，老年人照料设施宜设置在建筑的下部，并应符合下列规定：

1 老年人照料设施部分的建筑层数、建筑高度或所在楼层位置的高度应符合本规范第5.3.1A条的规定；

2 老年人照料设施部分应与其他场所进行防火分隔，防火分隔应符合本规范第6.2.2条的规定。

5.4.4B 当老年人照料设施中的老年人公共活动用房、康复与医疗用房设置在地下、半地下时，应设置在地下一层，每间用房的建筑面积不应大于 200m² 且使用人数不应大于 30 人。

【条文释义】 老年人照料设施中的老年人公共活动用房、康复与医疗用房设置在地下、半地下时的要求如图 5-73 所示。

图 5-73 老年人照料设施中的老年人公共活动用房、康复与
医疗用房设置在地下、半地下时的要求示意

老年人照料设施中的老年人公共活动用房、康复与医疗用房设置在地上四层及以上时，每间用房的建筑面积不应大于 200m² 且使用人数不应大于 30 人。

【条文释义】 老年人照料设施中的老年人公共活动用房、康复与医疗用房设置在地上四层及以上时的要求如图 5-74 所示。

图 5-74 老年人照料设施中的老年人公共活动用房、康复与
医疗用房设置在地上四层及以上时的要求示意

5.4.5 医院和疗养院的住院部分不应设置在地下或半地下。

【条文释义】 医院和疗养院的住院部分不应设置在地下或半地下，如图 5-75 所示。

图 5-75 地下、半地下（室）不应设置医院和疗养院的住院部分示意

医院和疗养院的住院部分采用三级耐火等级建筑时，不应超过 2 层；采用四级耐火等级建筑时，应为单层；设置在三级耐火等级的建筑内时，应布置在首层或二层；设置在四级耐火等级的建筑内时，应布置在首层。

【条文释义】 医院和疗养院的住院部分在不同耐火等级下的设置要求如图 5-76 和图 5-77 所示。

图 5-76 三级耐火等级医院和疗养院的
住院部分设置要求示意
a，b，c—均代表医院、疗养院的住院部分

图 5-77 四级耐火等级医院和疗养院的
住院部分设置要求示意
a，b，c—均代表医院、疗养院的住院部分

医院和疗养院的病房楼内相邻护理单元之间应采用耐火极限不低于 2.00h 的防火隔墙分隔，隔墙上的门应采用乙级防火门，设置在走道上的防火门应采用常开防火门。

【条文释义】 医院和疗养院的病房楼内相邻护理单元的设置要求如图 5-78 所示。

图 5-78 医院和疗养院的病房楼内相邻护理单元的设置要求示意

5.4.6 教学建筑、食堂、菜市场采用三级耐火等级建筑时，不应超过2层；采用四级耐火等级建筑时，应为单层；设置在三级耐火等级的建筑内时，应布置在首层或二层；设置在四级耐火等级的建筑内时，应布置在首层。

【条文释义】 教学建筑、食堂、菜市场在不同耐火等级下的设置要求如图5-79和图5-80所示。

图 5-79　三级耐火等级建筑设置示意

a，b，c—均代表教学建筑、食堂、菜市场

图 5-80　四级耐火等级建筑设置示意

a，b，c—均代表教学建筑、食堂、菜市场

5.4.7 剧场、电影院、礼堂宜设置在独立的建筑内；采用三级耐火等级建筑时，不应超过2层；确需设置在其他民用建筑内时，至少应设置1个独立的安全出口和疏散楼梯，并应符合下列规定：

　　1 应采用耐火极限不低于2.00h的防火隔墙和甲级防火门与其他区域分隔。

　　2 设置在一、二级耐火等级的建筑内时，观众厅宜布置在首层、二层或三层；确需布置在四层及以上楼层时，一个厅、室的疏散门不应少于2个，且每个观众厅的建筑面积不宜大于400m²。

【条文释义】 剧场、电影院、礼堂在不同耐火等级下的布置要求如图5-81~图5-83所示。

置于基他建筑内　　　　　　　　　单独设置

图 5-81　三级耐火等级建筑的布置要求示意
a，b，c—均代表剧场、电影院、礼堂

一个厅、室的安全疏散出口不应少于 2 个，且建筑面积不宜超过 400m² 应设置火灾自动报警系统和自动喷水灭火系统等自动灭火系统；幕布的燃烧性能不应低于 B1 级

应采用耐火极限不低于 2.00h 的防火隔墙和甲级防火门与其他区域分隔

剧场、电影院、礼堂确需设置在其他民用建筑内时，至少应设置 1 个独立的安全出口和疏散楼梯

图 5-82　剧场、电影院、礼堂防火布置要求示意

剧场、电影院、礼堂设置在一、二级耐火等级的多层建筑内时，观众厅宜布置在首层、二层或三层

图 5-83　一、二级耐火等级多层建筑的布置要求示意

3 设置在三级耐火等级的建筑内时，不应布置在三层及以上楼层。

4 设置在地下或半地下时，宜设置在地下一层，不应设置在地下三层及以下楼层。

【条文释义】 剧场、电影院、礼堂设置在地下或半地下时的设置要求如图5-84所示。

图 5-84 地下或半地下示意

注：剧场、电影院、礼堂宜设置在地下或半地下时，不应设置在地下三层及以下楼层，防火分区的允许
建筑面积不应大于1000m²；当设置自动喷水灭火系统时和火灾自动报警系统时，该面积不得增加

5 设置在高层建筑内时，应设置火灾自动报警系统及自动喷水灭火系统等自动灭火系统。

5.4.8 建筑内的会议厅、多功能厅等人员密集的场所，宜布置在首层、二层或三层。设置在三级耐火等级的建筑内时，不应布置在三层及以上楼层。确需布置在一、二级耐火等级建筑的其他楼层时，应符合下列规定：

【条文释义】 建筑内的会议厅、多功能厅等人员密集的场所布置要求如图5-85和图5-86所示。

图 5-85 三级耐火等级建筑剖面示意

图 5-86 建筑内的会议厅、多功能厅等
人员密集的场所的布置要求示意

1 一个厅、室的疏散门不应少于2个，且建筑面积不宜大于400m²；

【条文释义】 一个厅、室的疏散门设置要求如图5-87所示。

火灾自动报警系统和自动喷水灭火系统

幕布的燃烧性能不应低于B1级

会议厅、多功能厅等人员密集场所建筑面积不宜超过400m²

安全出口不应少于两个

图 5-87　会议厅、多功能厅等人员密集场所中一个厅、室的疏散门设置要求示意

注：建筑内的会议厅、多功能厅等人员密集的场所，宜布置在首层、二层或三层。

确需布置在一、二级耐火等级建筑的其他楼层时，应符合图示内容规定

　　2　设置在地下或半地下时，宜设置在地下一层，不应设置在地下三层及以下楼层；

　　3　设置在高层建筑内时，应设置火灾自动报警系统和自动喷水灭火系统等自动灭火系统。

5.4.9　歌舞厅、录像厅、夜总会、卡拉 OK 厅（含具有卡拉 OK 功能的餐厅）、游艺厅（含电子游艺厅）、桑拿浴室（不包括洗浴部分）、网吧等歌舞娱乐放映游艺场所（不含剧场、电影院）的布置应符合下列规定：

　　1　不应布置在地下二层及以下楼层；

　　2　宜布置在一、二级耐火等级建筑内的首层、二层或三层的靠外墙部位；

　　3　不宜布置在袋形走道的两侧或尽端；

　　4　确需布置在地下一层时，地下一层的地面与室外出入口地坪的高差不应大于 10m；

　　5　确需布置在地下或四层及以上楼层时，一个厅、室的建筑面积不应大于 200m²；

【条文释义】　歌舞厅、录像厅、夜总会、卡拉 OK 厅（含具有卡拉 OK 功能的餐厅）、游艺厅（含电子游艺厅）、桑拿浴室（不包括洗浴部分）、网吧等歌舞娱乐放映游艺场所（不含剧场、电影院）的布置如图 5-88 和图 5-89 所示。

当确需布置在地下或四层及以上楼层时，一个厅、室的建筑面积不应大于200m²

歌舞厅、录像厅、夜总会、卡拉OK厅、游艺厅、桑拿浴室、网吧等歌舞娱乐放映游艺场所宜布置在一、二级耐火等级建筑物内的首层、二层或三层的靠外墙部位

楼板应采用耐火极限≥1.00h的不燃烧性楼板

当确需布置在地下一层时，地下一层的地面与室外出入口地坪的高差不应大于10m

图 5-88　歌舞厅、录像厅、夜总会、卡拉 OK 厅、游艺厅、桑拿浴室、网吧等
歌舞娱乐放映游艺场所的布置示意

歌舞娱乐放映游艺场所(不含剧场、电影院),宜布置在一、二级耐火等级建筑内的首层,二层或三层的靠外墙部位

袋形走道

不宜布置在袋形走道的两侧和尽端

图 5-89　袋形走道布置示意

6　厅、室之间及与建筑的其他部位之间,应采用耐火极限不低于 2.00h 的防火隔墙和 1.00h 的不燃性楼板分隔,设置在厅、室墙上的门和该场所与建筑内其他部位相通的门均应采用乙级防火门。

【条文释义】　厅、室之间及与建筑的其他部位布置如图 5-90 所示。

图 5-90　厅、室之间及与建筑的其他部位布置示意

注:厅、室之间及与建筑的其他部位之间,应采用耐火极限≥2.00h 的防火隔墙,
设置在厅、室墙上的门和该场所与建筑内其他部位相通的门均应采用乙级防火门

5.4.10　除商业服务网点外,住宅建筑与其他使用功能的建筑合建时,应符合下列规定:
　　1　住宅部分与非住宅部分之间,应采用耐火极限不低于 2.00h 且无门、窗、洞口的防火隔墙和 1.50h 的不燃性楼板完全分隔;当为高层建筑时,应采用无门、窗、洞口的防火墙和耐火极限不低于 2.00h 的不燃性楼板完全分隔。建筑外墙上、下层开口之间的防火措施应符合本规范第 6.2.5 条的规定。

【条文释义】　除商业服务网点外,住宅建筑与其他使用功能的建筑合建,住宅部分与非住宅部分相关规定如图 5-91 所示。

(a) 设置商业服务网点的住宅建筑(1)

图 5-91

(b) 设置商业服务网点的住宅建筑(2)

(c) 除商业服务网点外,住宅建筑与其他使用功能的建筑合建时

图 5-91 住宅部分与非住宅部分之间耐火极限与防火措施示意

2 住宅部分与非住宅部分的安全出口和疏散楼梯应分别独立设置；为住宅部分服务的地上车库应设置独立的疏散楼梯或安全出口，地下车库的疏散楼梯应按本规范第 6.4.4 条的规定进行分隔。

【条文释义】 住宅部分与非住宅部分、为住宅部分服务的地上车库安全出口与疏散楼梯的设置如图 5-92 所示。

图 5-92 住宅部分与非住宅部分、为住宅部分服务的地上车库安全出口与疏散楼梯的设置示意

3 住宅部分和非住宅部分的安全疏散、防火分区和室内消防设施配置，可根据各自的建筑高度分别按照本规范有关住宅建筑和公共建筑的规定执行；该建筑的其他防火设计应根据建筑的总高度和建筑规模按本规范有关公共建筑的规定执行。

5.4.11 设置商业服务网点的住宅建筑,其居住部分与商业服务网点之间应采用耐火极限不低于 2.00h 且无门、窗、洞口的防火隔墙和 1.50h 的不燃性楼板完全分隔,住宅部分和商业服务网点部分的安全出口和疏散楼梯应分别独立设置。

【条文释义】 设置商业服务网点的住宅建筑的布置如图 5-93 和图 5-94 所示。

图 5-93 设置商业服务网点的住宅建筑的布置平面示意

图 5-94 设置商业服务网点的住宅建筑的布置立面示意

商业服务网点中每个分隔单元之间应采用耐火极限不低于 2.00h 且无门、窗、洞口的防火隔墙相互分隔,当每个分隔单元任一层建筑面积大于 200m² 时,该层应设置 2 个安全出口或疏散门。每个分隔单元内的任一点至最近直通室外的出口的直线距离不应大于本规范表 5.5.17 中有关多层其他建筑位于袋形走道两侧或尽端的疏散门至最近安全出口的最大直线距离。

注:室内楼梯的距离可按其水平投影长度的 1.50 倍计算。

【条文释义】 商业服务网点中每个分隔单元之间的设置要求如图 5-95 和图 5-96 所示。

图 5-95 商业服务网点中每个分隔单元之间的设置要求示意(1)

图 5-96　商业服务网点中每个分隔单元之间的设置要求示意（2）

5.4.12　燃油或燃气锅炉、油浸变压器、充有可燃油的高压电容器和多油开关等，宜设置在建筑外的专用房间内；确需贴邻民用建筑布置时，应采用防火墙与所贴邻的建筑分隔，且不应贴邻人员密集场所，该专用房间的耐火等级不应低于二级；确需布置在民用建筑内时，不应布置在人员密集场所的上一层、下一层或贴邻，并应符合下列规定：

【条文释义】　燃油或燃气锅炉、油浸变压器、充有可燃油的高压电容器和多油开关等的设置要求如图 5-97 和图 5-98 所示。

图 5-97　燃油或燃气锅炉、油浸变压器、充有可燃油的高压电容器和
多油开关等设置在建筑外的设置要求示意

图 5-98　燃油或燃气锅炉、油浸变压器、充有可燃油的高压电容器和
多油开关等设置在民用建筑内的要求示意

1 燃油或燃气锅炉房、变压器室应设置在首层或地下一层的靠外墙部位，但常（负）压燃油或燃气锅炉可设置在地下二层或屋顶上。设置在屋顶上的常（负）压燃气锅炉，距离通向屋面的安全出口不应小于6m。

【条文释义】 燃油或燃气锅炉房、变压器室的设置如图5-99～图5-101所示。

图5-99 燃油或燃气锅炉房、变压器室的设置示意

图5-100 常（负）压燃油或燃气锅炉剖面示意

图5-101 常（负）压燃油或燃气锅炉平面示意

采用相对密度（与空气密度的比值）不小于0.75的可燃气体为燃料的锅炉，不得设置在地下或半地下。

【条文释义】 采用相对密度（与空气密度的比值）不小于0.75的可燃气体为燃料的锅炉的设置要求如图5-102所示。

图5-102 采用相对密度不小于0.75的可燃气体为燃料的锅炉的设置要求剖面示意
注：采用相对密度≥0.75的可燃气体为燃料的锅炉，不得设置在地下或半地下建筑（室）内

2 锅炉房、变压器室的疏散门均应直通室外或安全出口。

【条文释义】 锅炉房、变压器室的疏散门设置如图5-103所示。

门均应直通室外或直通
安全出口

锅炉房、变压器室

图 5-103 锅炉房、变压器室疏散门设置示意图

> **3** 锅炉房、变压器室等与其他部位之间应采用耐火极限不低于 2.00h 的防火隔墙和 1.50h 的不燃性楼板分隔。在隔墙和楼板上不应开设洞口，确需在隔墙上设置门、窗时，应采用甲级防火门、窗。

【条文释义】 锅炉房、变压器室等与其他部位之间的设置要求如图 5-104 和图 5-105 所示。

隔墙上必须开门(窗)时，应设置甲级防火门(窗)

采用耐火极限≥2.00h 的防火隔墙
隔墙上不应开设洞口

FM甲

设于首层的锅炉房(靠外墙)

直通室外的门

设于首层的变压器室(靠外墙)

采用耐火极限≥2.00h 的防火隔墙，隔墙上不应开设洞口

走道

安全出口

上

FM甲

FM甲

疏散楼梯(安全出口)

设于地下层的锅炉房

设于地下层的变压器室

图 5-104 锅炉房、变压器室等与其他部位之间的设置要求示意

图 5-105　锅炉房、变压器室等与其他部位的设置要求剖面示意

4　锅炉房内设置储油间时，其总储存量不应大于1m³，且储油间应采用耐火极限不低于3.00h的防火隔墙与锅炉间分隔；确需在防火隔墙上设置门时，应采用甲级防火门。

【条文释义】　锅炉房内设置储油间时的要求如图5-106所示。

图 5-106　锅炉房内设置储油间时的要求示意

5　变压器室之间、变压器室与配电室之间，应设置耐火极限不低于2.00h的防火隔墙。
6　油浸变压器、多油开关室、高压电容器室，应设置防止油品流散的设施。油浸变压器下面应设置能储存变压器全部油量的事故储油设施。

【条文释义】　变压器室、变压器室与配电室的设置要求如图5-107和图5-108所示。

图 5-107　变压器室、变压器室与
配电室的设置要求示意

图 5-108　油浸变压器示意

7 应设置火灾报警装置。

8 应设置与锅炉、变压器、电容器和多油开关等的容量及建筑规模相适应的灭火设施，当建筑内其他部位设置自动喷水灭火系统时，应设置自动喷水灭火系统。

9 锅炉的容量应符合现行国家标准《锅炉房设计规范》GB 50041 的规定。油浸变压器的总容量不应大于 1260kV·A，单台容量不应大于 630kV·A。

【条文释义】 燃油或燃气锅炉、油浸变压器、充有可燃油的高压电容器和多油开关等的设置要求如图 5-109 所示。

图 5-109 燃油或燃气锅炉、油浸变压器、充有可燃油的高压电容器和
多油开关等的设置要求示意

10 燃气锅炉房应设置爆炸泄压设施。燃油或燃气锅炉房应设置独立的通风系统，并应符合本规范第 9 章的规定。

5.4.13 布置在民用建筑内的柴油发电机房应符合下列规定：

1 宜布置在首层或地下一、二层。

2 不应布置在人员密集场所的上一层、下一层或贴邻。

【条文释义】 民用建筑内的柴油发电机房的布置要求如图 5-110 所示。

图 5-110 民用建筑内的柴油发电机房的布置要求示意

3 应采用耐火极限不低于 2.00h 的防火隔墙和 1.50h 的不燃性楼板与其他部位分隔，门应采用甲级防火门。

【条文释义】 民用建筑内的柴油发电机房不燃性楼板和防火隔墙的设置如图 5-111 所示。

图 5-111 民用建筑内的柴油发电机房不燃性楼板和防火隔墙的设置示意

4 机房内设置储油间时，其总储存量不应大于 1m³，储油间应采用耐火极限不低于 3.00h 的防火隔墙与发电机间分隔；确需在防火隔墙上开门时，应设置甲级防火门。
5 应设置火灾报警装置。
6 应设置与柴油发电机容量和建筑规模相适应的灭火设施，当建筑内其他部位设置自动喷水灭火系统时，机房内应设置自动喷水灭火系统。

【条文释义】 机房内储油间的设置要求如图 5-112 所示。

图 5-112 机房内储油间的设置要求示意

5.4.14 供建筑内使用的丙类液体燃料，其储罐应布置在建筑外，并应符合下列规定：

1 当总容量不大于 15m³，且直埋于建筑附近、面向油罐一面 4.0m 范围内的建筑外墙为防火墙时，储罐与建筑的防火间距不限；

【条文释义】 供建筑内使用的丙类液体燃料储罐布置在建筑外，总容量、防火墙及储罐与建筑的防火间距如图 5-113 所示。

图 5-113 供建筑内使用的丙类液体燃料储罐的防火间距示意

2 当总容量大于 15m³ 时，储罐的布置应符合本规范第 4.2 节的规定；

3 当设置中间罐时，中间罐的容量不应大于 1m³，并应设置在一、二级耐火等级的单独房间内，房间门应采用甲级防火门。

【条文释义】 设置中间罐时的要求如图 5-114 所示。

图 5-114 设置中间罐时的要求

5.4.15 设置在建筑内的锅炉、柴油发电机，其燃料供给管道应符合下列规定：

1 在进入建筑物前和设备间内的管道上均应设置自动和手动切断阀；

【条文释义】 设置在建筑内的锅炉、柴油发电机，其燃料供给管道的设置要求如图 5-115 所示。

图 5-115 设置在建筑内的锅炉、柴油发电机的燃料供给管道的设置要求示意

2 储油间的油箱应密闭且应设置通向室外的通气管，通气管应设置带阻火器的呼吸阀，油箱的下部应设置防止油品流散的设施；

【条文释义】 设置在建筑内的锅炉、柴油发电机的燃料供给管道的设置要求如图 5-116 所示。

(a) 建筑内的锅炉，柴油发电机的燃料供给管道平面示意图

(b) 建筑内的锅炉，柴油发电机的燃料供给管道剖面示意图

图 5-116   建筑内的锅炉、柴油发电机的燃料供给管道的设置要求示意

3 燃气供给管道的敷设应符合现行国家标准《城镇燃气设计规范》GB 50028 的规定。

5.4.16 高层民用建筑内使用可燃气体燃料时，应采用管道供气。使用可燃气体的房间或部位宜靠外墙设置，并应符合现行国家标准《城镇燃气设计规范》GB 50028 的规定。

【条文释义】 高层民用建筑内使用可燃气体的房间或部位宜靠外墙设置，如图 5-117 所示。

图 5-117   高层民用建筑中使用可燃气体的房间的设置要求示意

5.4.17 建筑采用瓶装液化石油气瓶组供气时，应符合下列规定：

1 应设置独立的瓶组间；

2 瓶组间不应与住宅建筑、重要公共建筑和其他高层公共建筑贴邻，液化石油气气瓶的总容积不大于 1m³ 的瓶组间与所服务的其他建筑贴邻时，应采用自然气化方式供气；

3 液化石油气气瓶的总容积大于 1m³、不大于 4m³ 的独立瓶组间，与所服务建筑的防火间距应符合本规范表 5.4.17 的规定；

表 5.4.17 液化石油气气瓶的独立瓶组间与所服务建筑的防火间距（m）

名称		液化石油气气瓶的独立瓶组间的总容积 V（m³）	
		$V \leqslant 2$	$2 < V \leqslant 4$
明火或散发火花地点		25	30
重要公共建筑、一类高层民用建筑		15	20
裙房和其他民用建筑		8	10
道路（路边）	主要	10	
	次要	5	

注：气瓶总容积应按配置气瓶个数与单瓶几何容积的乘积计算。

【条文释义】 建筑采用瓶装液化石油气瓶组供气的要求如图 5-118～图 5-120 所示。

图 5-118 瓶组间与住宅
建筑、重要公共建筑和
其他高层公共建筑的
间隔要求示意图

图 5-119 建筑采用瓶装液化石油气瓶组供气时的总平面图
L— 瓶装液化石油气瓶组与所服务建筑的防火间距，
其应符合表 5.4.17 的规定

图 5-120 瓶装液化石油气间设置要求示意

4 在瓶组间的总出气管道上应设置紧急事故自动切断阀；

【条文释义】 瓶组间的总出气管道的设置要求如图 5-121 所示。

图 5-121　瓶组间的总出气管道的设置要求示意

L—瓶装液化石油气瓶组与所服务建筑的防火间距，其应符合本规范表 5.4.17 的规定

5 瓶组间应设置可燃气体浓度报警装置；
6 其他防火要求应符合现行国家标准《城镇燃气设计规范》GB 50028 的规定。

5.5　安全疏散和避难

Ⅰ　一般要求

5.5.1　民用建筑应根据其建筑高度、规模、使用功能和耐火等级等因素合理设置安全疏散和避难设施。安全出口和疏散门的位置、数量、宽度及疏散楼梯间的形式，应满足人员安全疏散的要求。

5.5.2　建筑内的安全出口和疏散门应分散布置，且建筑内每个防火分区或一个防火分区的每个楼层、每个住宅单元每层相邻两个安全出口以及每个房间相邻两个疏散门最近边缘之间的水平距离不应小于 5m。

【条文释义】 建筑内的安全出口和疏散门的布置如图 5-122 所示。

(a) 标准层平面图

图 5-122

安全出口

a

每个防火分区或一个防火分区的每个楼层

注：a+b≥5m

≥5m

安全出口

(b) 首层平面图

图 5-122　建筑内的安全出口和疏散门的布置示意

5.5.3　建筑的楼梯间宜通至屋面，通向屋面的门或窗应向外开启。

【条文释义】 建筑楼梯间的设置要求如图 5-123 所示。

建筑的楼梯间宜通至屋面

屋面

通向屋面的门或窗应向外开启

图 5-123　建筑楼梯间的设置要求示意

5.5.4　自动扶梯和电梯不应计作安全疏散设施。

【条文释义】 电梯和自动扶梯如图 5-124 和图 5-125 所示。

电梯不应计作安全疏散设施

自动扶梯不应作为安全疏散设施

图 5-124　电梯

图 5-125　自动扶梯示意

5.5.5 除人员密集场所外，建筑面积不大于 500m²、使用人数不超过 30 人且埋深不大于 10m 的地下或半地下建筑（室），当需要设置 2 个安全出口时，其中一个安全出口可利用直通室外的金属竖向梯。

【条文释义】 除人员密集场所外，建筑面积不大于 500m²、使用人数不超过 30 人且埋深不大于 10m 的地下或半地下建筑（室）的安全出口的设置如图 5-126 所示。

图 5-126 地下或半地下建筑（室）安全出口的设置示意

除歌舞娱乐放映游艺场所外，防火分区建筑面积不大于 200m² 的地下或半地下设备间、防火分区建筑面积不大于 50m² 且经常停留人数不超过 15 人的其他地下或半地下建筑（室），可设置 1 个安全出口或 1 部疏散楼梯。

【条文释义】 除歌舞娱乐放映游艺场所外，防火分区建筑面积不大于 200m² 的地下或半地下设备间、防火分区建筑面积不大于 50m² 且经常停留人数不超过 15 人的其他地下或半地下建筑（室）安全出口或疏散楼梯的设置如图 5-127 所示。

图 5-127 安全出口或疏散楼梯的设置示意

除本规范另有规定外，建筑面积不大于 200m² 的地下或半地下设备间、建筑面积不大于 50m² 且经常停留人数不超过 15 人的其他地下或半地下房间，可设置 1 个疏散门。

【条文释义】 建筑面积不大于 200m² 的地下或半地下设备间、建筑面积不大于 50m² 且经常停留人数不超过 15 人的其他地下或半地下房间疏散门的设置如图 5-128 所示。

图 5-128　地下或半地下建筑疏散门的设置

5.5.6　直通建筑内附设汽车库的电梯，应在汽车库部分设置电梯候梯厅，并应采用耐火极限不低于 2.00h 的防火隔墙和乙级防火门与汽车库分隔。

【条文释义】　直通建筑内附设汽车库的电梯的防火设置要求如图 5-129 所示。

图 5-129　直通建筑内附中设汽车库的电梯的防火设置要求示意

注：普通电梯间是否设置防火门按本规范的相关规定执行

5.5.7　高层建筑直通室外的安全出口上方，应设置挑出宽度不小于 1.0m 的防护挑檐。

【条文释义】　高层建筑直通室外的安全出口的防护挑檐如图 5-130 所示。

图 5-130　高层建筑直通室外的安全出口的防护挑檐示意

Ⅱ 公共建筑

5.5.8 公共建筑内每个防火分区或一个防火分区的每个楼层，其安全出口的数量应经计算确定，且不应少于 2 个。设置 1 个安全出口或 1 部疏散楼梯的公共建筑应符合下列条件之一。

【条文释义】 公共建筑内每个防火分区或一个防火分区的每个楼层的安全出口的设置要求如图 5-131 所示。

图 5-131 公共建筑内安全出口的设置要求示意图

1 除托儿所、幼儿园外，建筑面积不大于 200m² 且人数不超过 50 人的单层公共建筑或多层公共建筑的首层；

【条文释义】 除托儿所、幼儿园外，建筑面积不大于 200m² 且人数不超过 50 人的单层公共建筑或多层公共建筑的首层的安全出口的设置如图 5-132 所示。

图 5-132 除托儿所、幼儿园外，建筑面积不大于 200m² 且人数不超过
50 人的单层公共建筑或多层公共建筑的首层的安全出口的设置示意

2 除医疗建筑，老年人照料设施，托儿所、幼儿园的儿童用房，儿童游乐厅等儿童活动场所和歌舞娱乐放映游艺场所等外，符合表 5.5.8 规定的公共建筑。

表 5.5.8 设置 1 部疏散楼梯的公共建筑

耐火等级	最多层数	每层最大建筑面积（m²）	人数
一、二级	3层	200	第二、三层的人数之和不超过 50 人
三级	3层	200	第二、三层的人数之和不超过 25 人
四级	2层	200	第二层人数之和不超过 15 人

5.5.9 一、二级耐火等级公共建筑内的安全出口全部直通室外确有困难的防火分区，可利用通向相邻防火分区的甲级防火门作为安全出口，但应符合下列要求：

　　1 利用通向相邻防火分区的甲级防火门作为安全出口时，应采用防火墙与相邻防火分区进行分隔；

　　2 建筑面积大于 1000m² 的防火分区，直通室外的安全出口不应少于 2 个；建筑面积不大于 1000m² 的防火分区，直通室外的安全出口不应少于 1 个；

　　3 该防火分区通向相邻防火分区的疏散净宽度不应大于其按本规范第 5.5.21 条规定计算所需疏散总净宽度的 30%，建筑各层直通室外的安全出口总净宽度不应小于按照本规范第 5.5.21 条规定计算所需疏散总净宽度。

【条文释义】 一、二级耐火等级公共建筑内的安全出口全部直通室外确有困难的防火分区，可利用通向相邻防火分区的甲级防火门作为安全出口，但应符合的要求如图 5-133 和图 5-134 所示。

图 5-133 一、二级耐火等级公共建筑利用甲级防火门
作为安全出口的要求示意（1）

图 5-134　一、二级耐火等级公共建筑利用甲级防火门作为安全出口的要求示意（2）

5.5.10 高层公共建筑的疏散楼梯，当分散设置确有困难且从任一疏散门至最近疏散楼梯间入口的距离不大于 10m 时，可采用剪刀楼梯间，但应符合下列规定：

1　楼梯间应为防烟楼梯间；

2　梯段之间应设置耐火极限不低于 1.00h 的防火隔墙；

3　楼梯间的前室应分别设置。

【条文释义】 高层公共建筑疏散楼梯平面示意图（剪刀梯）如图 5-135 所示。

图 5-135　高层公共建筑疏散楼梯平面示意（剪刀梯）

5.5.11 设置不少于 2 部疏散楼梯的一、二级耐火等级多层公共建筑，如顶层局部升高，当高出部分的层数不超过 2 层、人数之和不超过 50 人且每层建筑面积不大于 200m² 时，高出部分可设置 1 部疏散楼梯，但至少应另外设置 1 个直通建筑主体上人平屋面的安全出口，且上人屋面应符合人员安全疏散的要求。

【条文释义】 设置不少于 2 部疏散楼梯的一、二级耐火等级多层公共建筑如图 5-136

所示。

图 5-136　一、二级耐火等级多层公共建筑安全出口和疏散楼梯的设置

5.5.12　一类高层公共建筑和建筑高度大于 32m 的二类高层公共建筑，其疏散楼梯应采用防烟楼梯间。

【条文释义】　一类高层公共建筑和建筑高度大于 32m 的二类高层公共建筑的疏散楼梯如图 5-137 和图 5-138 所示。

图 5-137　一类高层公共
建筑疏散楼梯示意

图 5-138　二类高层公共建筑
（$H > 32$m）疏散楼梯示意

裙房和建筑高度不大于 32m 的二类高层公共建筑，其疏散楼梯应采用封闭楼梯间。

注：当裙房与高层建筑主体之间设置防火墙时，裙房的疏散楼梯可按本规范有关单、多层建筑的要求确定。

【条文释义】　裙房和建筑高度不大于 32m 的二类高层公共建筑的疏散楼梯如图 5-139 所示。

图 5-139 二类高层公共建筑（$H \leqslant 32m$）的疏散楼梯示意

5.5.13 下列多层公共建筑的疏散楼梯，除与敞开式外廊直接相连的楼梯间外，均应采用封闭楼梯间。

    1 <u>医疗建筑、旅馆及类似使用功能的建筑</u>；

    2 设置歌舞娱乐放映游艺场所的建筑；

    3 商店、图书馆、展览建筑、会议中心及类似使用功能的建筑；

    4 6 层及以上的其他建筑。

【条文释义】 多层公共建筑的封闭楼梯如图 5-140 和图 5-141 所示。

图 5-140 封闭楼梯间示意

图 5-141 首层扩大的封闭楼梯间示意

5.5.13A 老年人照料设施的疏散楼梯或疏散楼梯间宜与敞开式外廊直接连通，不能与敞开式外廊直接连通的室内疏散楼梯应采用封闭楼梯间。建筑高度大于 24m 的老年人照料设施，其室内疏散楼梯应采用防烟楼梯间。

【条文释义】 老年人照料设施的封闭楼梯或防烟楼梯间如图 5-142 和图 5-143 所示。

图 5-142 老年人照料设施的封闭楼梯间示意　　　　图 5-143 老年人照料设施的防烟楼梯间示意

建筑高度大于 32m 的老年人照料设施，宜在 32m 以上部分增设能连通老年人居室和公共活动场所的连廊，各层连廊应直接与疏散楼梯、安全出口或室外避难场地连通。

【条文释义】 建筑高度大于 32m 的老年人照料设施，宜在 32m 以上部分增设能连通老年人居室和公共活动场所的连廊，各层连廊应直接与疏散楼梯、安全出口或室外避难场地连通，如图 5-144 所示。

图 5-144 建筑高度＞24m 的老年人照料设施连廊的设置示意

5.5.14 公共建筑内的客、货电梯宜设置电梯候梯厅，不宜直接设置在营业厅、展览厅、多功能厅等场所内。老年人照料设施内的非消防电梯应采取防烟措施，当火灾情况下需用于辅助人员疏散时，该电梯及其设置应符合本规范有关消防电梯及其设置要求。

【条文释义】 公共建筑内的客、货电梯宜设置电梯候梯厅，不宜直接设置在营业厅、展览厅、多功能厅等场所内，如图 5-145 所示。

图 5-145　营业厅、展览厅、多功能厅电梯候梯厅的设置示意

【条文释义】　公共建筑内房间的疏散门的设置要求如图 5-146 所示。

图 5-146　公共建筑内房间的疏散门的设置要求示意

【条文释义】　位于两个安全出口之间或袋形走道两侧的房间的建筑面积的规定如图 5-147 所示。

图 5-147　位于两个安全出口之间或袋形走道两侧的房间的建筑面积的规定示意

2 位于走道尽端的房间，建筑面积小于 50m² 且疏散门的净宽度不小于 0.90m，或由房间内任一点至疏散门的直线距离不大于 15m、建筑面积不大于 200m² 且疏散门的净宽度不小于 1.40m。

【条文释义】 位于走道尽端的房间的疏散门的设置如图 5-148 所示。

图 5-148　位于走道尽端的房间的疏散门的设置示意

3 歌舞娱乐放映游艺场所内建筑面积不大于 50m² 且经常停留人数不超过 15 人的厅、室。

【条文释义】 歌舞娱乐放映游艺场所内建筑面积的要求如图 5-149 所示。

图 5-149　歌舞娱乐放映游艺场所建筑面积的要求示意

5.5.16 剧场、电影院、礼堂和体育馆的观众厅或多功能厅，其疏散门的数量应经计算确定且不应少于 2 个，并应符合下列规定：

1 对于剧场、电影院、礼堂的观众厅或多功能厅，每个疏散门的平均疏散人数不应超过 250 人；当容纳人数超过 2000 人时，其超过 2000 人的部分，每个疏散门的平均疏散人数不应超过 400 人。

【条文释义】 剧场、电影院、礼堂的观众厅或多功能厅的疏散门疏散人数要求如图 5-150 所示。

剧院、电影院、礼堂观众厅的疏散门
数量应经计算确定，且不应少于2个

疏散门

剧场、电影院、礼堂
观众厅或多功能厅

注：疏散门的数量计算举例：

当观众厅容纳人数 $x \leqslant 2000$ 人，疏散门数量 $n \geqslant x/250$；

当观众厅容纳人数 $x > 2000$ 人，疏散门数量 $n \geqslant 2000/250 + (x-2000)/400$

图 5-150 剧场、电影院、礼堂的观众厅或多功能厅的疏散门疏散人数要求示意

2 对于体育馆的观众厅，每个疏散门的平均疏散人数不宜超过 400~700 人。

【条文释义】 体育馆观众厅的疏散门疏散人数如图 5-151 所示。

体育馆观众厅

体育馆观众厅的疏散门数量
应按每门平均疏散人数不宜
超过400～700人经计算确定
且不应少于2个

图 5-151 体育馆观众厅的疏散门疏散人数示意

5.5.17 公共建筑的安全疏散距离应符合下列规定：

1 直通疏散走道的房间疏散门至最近安全出口的直线距离不应大于表 5.5.17 的规定。

表 5.5.17 直通疏散走道的房间疏散门至最近安全出口的直线距离 (m)

名　称	位于两个安全出口之间的疏散门			位于袋形走道两侧或尽端的疏散门		
	一、二级	三级	四级	一、二级	三级	四级
托儿所、幼儿园、老年人照料设施	25	20	15	20	15	10
歌舞娱乐放映游艺场所	25	20	15	9	—	—

名称		位于两个安全出口之间的疏散门			位于袋形走道两侧或尽端的疏散门		
		一、二级	三级	四级	一、二级	三级	四级
医疗建筑	单、多层	35	30	25	20	15	10
	高层 病房部分	24	—	—	12	—	—
	高层 其他部分	30	—	—	15	—	—
教学建筑	单、多层	35	30	25	22	20	10
	高层	30	—	—	15	—	—
高层旅馆、展览建筑		30	—	—	15	—	—
其他建筑	单、多层	40	35	25	22	20	15
	高层	40	—	—	20	—	—

注：1 建筑内开向敞开式外廊的房间疏散门至最近安全出口的直线距离可按本表的规定增加 5m。

2 直通疏散走道的房间疏散门至最近敞开楼梯间的直线距离，当房间位于两个楼梯间之间时，应按本表的规定减少 5m；当房间位于袋形走道两侧或尽端时，应按本表的规定减少 2m。

3 建筑物内全部设置自动喷水灭火系统时，其安全疏散距离可按本表的规定增加 25%。

【条文释义】　公共建筑物内全部设自动喷水灭火系统时，安全疏散距离如图 5-152 和图 5-153 所示。

图 5-152　公共建筑内设自动喷水灭火系统时的安全疏散距离示意（1）

注：建筑物内全部设自动喷水灭火系统时，安全疏散距离按括号内数字

图 5-153　公共建筑内设自动喷水灭火系统时的安全疏散距离示意（2）

注：建筑物内全部设自动喷水灭火系统时，安全疏散距离按括号内数字

2　楼梯间应在首层直通室外，确有困难时，可在首层采用扩大的封闭楼梯间或防烟楼梯间前室。当层数不超过 4 层且未采用扩大的封闭楼梯间或防烟楼梯间前室时，可将直通室外的门设置在离楼梯间不大于 15m 处。

【条文释义】　公共建筑楼梯间设置要求如图 5-154 所示。

图 5-154　公共建筑楼梯间设置要求示意

3 房间内任一点至房间直通疏散走道的疏散门的直线距离，不应大于表5.5.17规定的袋形走道两侧或尽端的疏散门至最近安全出口的直线距离。

【条文释义】 房间内任一点至房间直通疏散走道的疏散门的直线距离如图5-155所示。

图 5-155 房间内任一点至房间直通疏散走道的距离

L—房间内任一点到疏散门的距离

4 一、二级耐火等级建筑内疏散门或安全出口不少于2个的观众厅、展览厅、多功能厅、餐厅、营业厅等，其室内任一点至最近疏散门或安全出口的直线距离不应大于30m；当疏散门不能直通室外地面或疏散楼梯间时，应采用长度不大于10m的疏散走道通至最近的安全出口。当该场所设置自动喷水灭火系统时，室内任一点至最近安全出口的安全疏散距离可分别增加25%。

【条文释义】 一、二级耐火等级建筑内疏散门或安全出口不少于2个的观众厅、展览厅、多功能厅、餐厅、营业厅等疏散楼梯及室内任一点至最近安全出口的安全疏散距离如图5-156所示。

图 5-156 一、二级耐火等级的建筑物的观众厅、展览厅、多功能厅、

餐厅、营业厅等至最近安全出口的安全疏散距离示意

注：建筑物内全部设自动喷水灭火系统时，安全疏散距离按括号内数字。

非直通安全出口时室内任意一点至最近安全出口的直线距离应≤40m

5.5.18 除本规范另有规定外，公共建筑内疏散门和安全出口的净宽度不应小于 0.90m，疏散走道和疏散楼梯的净宽度不应小于 1.10m。

【条文释义】 公共建筑内疏散门和安全出口的净宽度如图 5-157 所示。

图 5-157　公共建筑内疏散门和安全出口的净宽度示意

高层公共建筑内楼梯间的首层疏散门、首层疏散外门、疏散走道和疏散楼梯的最小净宽度应符合表 5.5.18 的规定。

表 5.5.18　高层公共建筑内楼梯间的首层疏散门、首层疏散外门、疏散走道和疏散楼梯的最小净宽度 (m)

建筑类别	楼梯间的首层疏散门、首层疏散外门	走道		疏散楼梯
		单面布房	双面布房	
高层医疗建筑	1.30	1.40	1.50	1.30
其他高层医疗建筑	1.20	1.30	1.40	1.20

5.5.19 人员密集的公共场所、观众厅的疏散门不应设置门槛，其净宽度不应小于 1.40m，且紧靠门口内外各 1.40m 范围内不应设置踏步。

【条文释义】 人员密集的公共场所、观众厅的疏散门的设置要求如图 5-158 所示。

图 5-158　人员密集的公共场所、观众厅的疏散门的设置要求示意

人员密集的公共场所的室外疏散通道的净宽度不应小于 3.00m，并应直接通向宽敞地带。

【条文释义】 人员密集的公共场所的室外疏散通道的设置要求如图 5-159 和图 5-160 所示。

图 5-159 人员密集的公共场所的室外疏散通道的设置要求示意（1）

图 5-160 人员密集的公共场所的室外疏散通道的设置要求示意（2）

5.5.20 剧场、电影院、礼堂、体育馆等场所的疏散走道、疏散楼梯、疏散门、安全出口的各自总净宽度，应符合下列规定：

1 观众厅内疏散走道的净宽度应按每 100 人不小于 0.60m 计算，且不应小于 1.00m；边走道的净宽度不宜小于 0.80m。

【条文释义】 观众厅内疏散走道的净宽度如图 5-161 和图 5-162 所示。

图 5-161 观众厅（剧场、电影院、礼堂）疏散走道的净宽度示意

图 5-162 观众厅（体育馆）疏散走道的净宽度示意

布置疏散走道时，横走道之间的座位排数不宜超过 20 排；纵走道之间的座位数：剧场、电影院、礼堂等，每排不宜超过 22 个；体育馆，每排不宜超过 26 个；前后排座椅的排距不小于 0.90m 时，可增加 1.0 倍，但不得超过 50 个；仅一侧有纵走道时，座位数应减少一半。

2 剧场、电影院、礼堂等场所供观众疏散的所有内门、外门、楼梯和走道的各自总净宽度，应根据疏散人数按每 100 人的最小疏散净宽度不小于表 5.5.20-1 的规定计算确定。

表 5.5.20-1　剧场、电影院、礼堂等场所每 100 人所需最小疏散净宽度（m/百人）

观众厅座位数（座）			≤2500	≤1200
耐火等级			一、二级	三级
疏散部位	门和走道	平坡地面	0.65	0.85
		阶梯地面	0.75	1.00
	楼梯		0.75	1.00

【条文释义】 剧场、电影院、礼堂等场所供观众疏散的所有内门、外门、楼梯和走道的各自总净宽度如图 5-163 所示。

图 5-163　剧场、电影院、礼堂供观众疏散的通道设置要求示意

3 体育馆供观众疏散的所有内门、外门、楼梯和走道的各自总净宽度，应根据疏散人数按每 100 人的最小疏散净宽度不小于表 5.5.20-2 的规定计算确定。

表 5.5.20-2　体育馆每 100 人所需最小疏散净宽度（m/ 百人）

观众厅座位数范围（座）			3000 ～ 5000	5001 ～ 10000	10001 ～ 20000
疏散部位	门和走道	平坡地面	0.43	0.37	0.32
		阶梯地面	0.50	0.43	0.37
	楼梯		0.50	0.43	0.37

注：本表中对应较大座位数范围按规定计算的疏散总净宽度，不应小于对应相邻较小座位数范围按其最多座位数计算的疏散总净宽度。对于观众厅座位数少于 3000 个的体育馆，计算供观众疏散的所有内门、外门、楼梯和走道的各自总净宽度时，每 100 人的最小疏散净宽度不应小于表 5.5.20-2 的规定。

【条文释义】 体育馆供观众疏散的所有内门、外门、楼梯和走道的各自总净宽度如图 5-164 所示。

图 5-164　体育馆供观众疏散的所有通道的净宽度示意

4 有等场需要的入场门不应作为观众厅的疏散门。

5.5.21 除剧场、电影院、礼堂、体育馆外的其他公共建筑，其房间疏散门、安全出口、疏散走道和疏散楼梯的各自总净宽度，应符合下列规定：

1 每层的房间疏散门、安全出口、疏散走道和疏散楼梯的各自总净宽度，应根据疏散人数按每 100 人的最小疏散净宽度不小于表 5.5.21-1 的规定计算确定。当每层疏散人数不等时，疏散楼梯的总净宽度可分层计算，地上建筑内下层楼梯的总净宽度应按该层及以上疏散人数最多一层的人数计算；地下建筑内上层楼梯的总净宽度应按该层及以下疏散人数最多一层的人数计算。

表 5.5.21-1　每层的房间疏散门、安全出口、疏散走道和疏散楼梯的
每 100 人最小疏散净宽度（m/ 百人）

建筑层数		建筑的耐火等级		
		一、二级	三级	四级
地上楼层	1 ～ 2 层	0.65	0.75	1.00
	3 层	0.75	1.00	—
	≥ 4 层	1.00	1.25	—

建筑层数		建筑的耐火等级		
		一、二级	三级	四级
地下楼层	与地面出入口地面的高差 $\Delta H \leqslant 10\mathrm{m}$	0.75	—	—
	与地面出入口地面的高差 $\Delta H > 10\mathrm{m}$	1.00	—	—

续表

【条文释义】 除剧场、电影院、礼堂、体育馆外的其他公共建筑，其房间疏散门、安全出口、疏散走道和疏散楼梯的各自总净宽度如图 5-165 所示。

疏散走道总宽度=通过人数×b
疏散楼梯(梯段)总宽度=通过人数×b
安全出口总宽度=通过人数×b
下 上
疏散用的室外楼梯应计入疏散楼梯总宽度中
房间疏散门总宽度=通过人数×b

(a) 标准层平面图

房间疏散门
疏散走道

四层及四层以上 $b \geqslant 1.00\mathrm{m}$/百人

三层 $b \geqslant 0.75\mathrm{m}$/百人

一、二层 $b \geqslant 0.65\mathrm{m}$/百人

出入口地面

$H_1 \leqslant 10\mathrm{m}, H_2 > 10\mathrm{m}$

地下建筑
$H_1: b \geqslant 0.75\mathrm{m}$/百人
$H_2: b \geqslant 1.00\mathrm{m}$/百人

同层中疏散走道、安全出口、疏散楼梯和房间疏散门的每百人净宽度(b)值均相同

疏散楼梯梯段的总净宽度可分层计算，地上建筑下层楼梯总宽度应按其上层最多一层人数计算

地下建筑内上层楼梯的总净宽度应按该层及以下疏散人数最多一层的人数计算

(b) 一、二级耐火等级建筑

图 5-165

(c) 三级耐火等级建筑　　　　　　　　(d) 四级耐火等级建筑

图 5-165　除剧场、电影院、礼堂、体育馆外的其他公共建筑的房间疏散门、
安全出口、疏散走道和疏散楼梯的各自总净宽度
b—各疏散部位每百人净宽度内规定值，见各剖面

2　地下或半地下人员密集的厅、室和歌舞娱乐放映游艺场所，其房间疏散门、安全
出口、疏散走道和疏散楼梯的各自总净宽度，应根据疏散人数按每 100 人不小于 1.00m
计算确定。

【条文释义】　地下或半地下人员密集的厅、室和歌舞娱乐放映游艺场所，其房间疏散
门、安全出口、疏散走道和疏散楼梯的各自总净宽度如图 5-166 所示。

图 5-166　地下或半地下人员密集的厅、室和歌舞娱乐放映
游艺场所各疏散通道各自总净宽度示意

3　首层外门的总净宽度应按该建筑疏散人数最多一层的人数计算确定，不供其他楼
层人员疏散的外门，可按本层的疏散人数计算确定。

图 5-167　首层外门的总净宽度示意

4　歌舞娱乐放映游艺场所中录像厅的疏散人数，应根据厅、室的建筑面积按不小于 1.0 人 /m² 计算；其他歌舞娱乐放映游艺场所的疏散人数，应根据厅、室的建筑面积按不小于 0.5 人 /m² 计算。

【条文释义】 歌舞娱乐放映游艺场所中录像厅的疏散人数和其他歌舞娱乐放映游艺场所的疏散人数如图 5-168 所示。

图 5-168　歌舞娱乐放映游艺场所的疏散人数示意
A—各场所厅室的建筑面积，m²

5　有固定座位的场所，其疏散人数可按实际座位数的 1.1 倍计算。

6 展览厅的疏散人数应根据展览厅的建筑面积和人员密度计算，展览厅内人员密度不宜小于 0.75 人 /m²。

7 商店的疏散人数应按每层营业厅的建筑面积乘以表 5.5.21-2 规定的人员密度计算。对于建材商店、家具和灯饰展示建筑，其人员密度可按表 5.5.21-2 规定值的 30% 确定。

表 5.5.21-2　商店营业厅内的人员密度（人 /m²）

楼层位置	地下第二层	地下第一层	地上第一,二层	地上三层	地上第四层及以上各层
人员密度	0.56	0.60	0.43～0.60	0.39～0.54	0.30～0.42

【条文释义】 商店营业厅的疏散人数计算如图 5-169 所示。

商店疏散人数=A·B·C+非营业用房中的核定人数

图 5-169　商店营业厅的疏散人数计算示意

A—营业厅建筑面积，m²；B—建筑面积折算值（如 1—1 剖面图所示）；
C—疏散人数换算系数（如 1—1 剖面图所示）

5.5.22 人员密集的公共建筑不宜在窗口、阳台等部位设置封闭的金属栅栏，确需设置时，应能从内部易于开启；窗口、阳台等部位宜根据其高度设置适用的辅助疏散逃生设施。

【条文释义】 人员密集的公共建筑的窗口、阳台等部位的设置要求如图 5-170 所示。

人员密集的公共建筑不宜在窗口、阳台等部位设置封闭的金属栅栏

必须设置金属栅栏时，应安装易从内部控制的开启等装置

图 5-170　人员密集的公共建筑的窗口、阳台等部位的设置要求示意

5.5.23 建筑高度大于100m的公共建筑，应设置避难层（间）。避难层（间）应符合下列规定。

　　1 第一个避难层（间）的楼地面至灭火救援场地地面的高度不应大于50m，两个避难层（间）之间的高度不宜大于50m。

　　2 通向避难层（间）的疏散楼梯应在避难层分隔、同层错位或上下层断开。

【条文释义】 建筑高度大于100m的公共建筑设置避难层（间）的要求如图5-171所示。

图5-171 建筑高度大于100m的公共建筑设置避难层（间）的要求示意

　　3 避难层（间）的净面积应能满足设计避难人数避难的要求，并宜按5.0人/m²计算。

　　4 避难层可兼作设备层。设备管道宜集中布置，其中的易燃、可燃液体或气体管道应集中布置，设备管道区应采用耐火极限不低于3.00h的防火隔墙与避难区分隔。管道井和设备间应采用耐火极限不低于2.00h的防火隔墙与避难区分隔，管道井和设备间的门不应直接开向避难区；确需直接开向避难区时，与避难层区出入口的距离不应小于5m，且应采用甲级防火门。

避难间内不应设置易燃、可燃液体或气体管道，不应开设除外窗、疏散门之外的其他开口。

　　5 避难层应设置消防电梯出口。

　　6 应设置消火栓和消防软管卷盘。

　　7 应设置消防专线电话和应急广播。

　　8 在避难层（间）进入楼梯间的入口处和疏散楼梯通向避难层（间）的出口处，应设置明显的指示标志。

【条文释义】 避难层布置要求如图5-172所示。

　　9 应设置直接对外的可开启窗口或独立的机械防烟设施，外窗应采用乙级防火窗。

5.5.24 高层病房楼应在二层及以上的病房楼层和洁净手术部设置避难间。避难间应符合下列规定

管道井和设备间应采用耐火极限不低于2.00h的防火隔墙与避难区分隔;管道井和设备间的门不应直接开向避难区;确需直接开向避难区时,与避难层入口的距离不应小于5m,且应采用甲级防火门

避难间内不应设置易燃、可燃液体或气体管道,不应开设除外窗、疏散门之外的其他开口

避难层可兼作设备层,设备管道宜集中布置,其中的易燃、可燃液体或气体管道应集中布置,设备管道区应采用耐火极限不低于3.00h的防火隔墙与避难区分隔

避难层应设置消防电梯出口

出口

出口

核心筒

避难层

设备间

易燃、可燃液体或气体管道井

$a+b≥5m$

避难层应设置直接对外的可开启窗口或独立的机械防烟设施,外窗应采用乙级防火窗

应设置消火栓和消防软管卷盘
应设置消防专线电话和应急广播

避难层(间)的净面积应能满足设计避难人数避难的要求,并宜按0.5人/m²计算

图 5-172　避难层布置要求示意

【条文释义】 高层病房楼应在二层及以上的病房楼层和洁净手术部设置避难间的要求如图 5-173 所示。

避难间服务的护理单元不应超过2个,其净面积应按每个护理单元不小于25m²确定

相邻护理单元隔墙应采用耐火极限不低于2.00h的防火隔墙

应设置直接对外的可开启窗口或独立的机械防烟设施,外窗应采用乙级防火窗

护理单元1

护理单元2

上 下

上 下

FM乙

FM甲

FM乙

FM乙

避难间

FM乙

FM甲

避难间应采用耐火极限不低于2.00h的防火隔墙和甲级防火门与其他部位分隔

应设置消防专线电话和消防应急广播,避难间的人口处应设置明显的指示标志

隔墙上的门应为乙级防火门,且走道上的防火门应采用常开防火门

图 5-173　高层病房楼应在二层及以上的病房楼层和洁净手术部设置的避难间的要求示意

1　避难间服务的护理单元不应超过2个，其净面积应按每个护理单元不小于25.0m²确定。

　　2　避难间兼作其他用途时，应保证人员的避难安全，且不得减少可供避难的净面积。

　　3　应靠近楼梯间，并应采用耐火极限不低于2.00h的防火隔墙和甲级防火门与其他部位分隔。

　　4　应设置消防专线电话和消防应急广播。

　　5　避难间的入口处应设置明显的指示标志。

　　6　应设置直接对外的可开启窗口或独立的机械防烟设施，外窗应采用乙级防火窗。

5.5.24A　3层及3层以上总建筑面积大于3000m²（包括设置在其他建筑内三层及以上楼层）的老年人照料设施，应在二层及以上各层老年人照料设施部分的每座疏散楼梯间的相邻部位设置1间避难间；当老年人照料设施设置与疏散楼梯或安全出口直接连通的开敞式外廊、与疏散走道直接连通且符合人员避难要求的室外平台等时，可不设置避难间。避难间内可供避难的净面积不应小于12m²，避难间可利用疏散楼梯间的前室或消防电梯的前室，其他要求应符合本规范第5.5.24条的规定。

　　供失能老年人使用且层数大于2层的老年人照料设施，应按核定使用人数配备简易防毒面具。

　　【条文释义】　三层或三层以上总建筑面积大于300m²（包括设置下其他建筑内三层及以上楼层）的老年人照料设施的设置要求如图5-174所示。

图5-174　三层或三层以上总建筑面积大于300m²（包括设置下其他建筑内
三层及以上楼层）的老年人照料设施的设置要求示意

Ⅲ　住 宅 建 筑

5.5.25　住宅建筑安全出口的设置应符合下列规定：

　　1　建筑高度不大于27m的建筑，当每个单元任一层的建筑面积大于650m²，或任一户门至最近安全出口的距离大于15m时，每个单元每层的安全出口不应少于2个；

【条文释义】 建筑高度不大于27m的住宅建筑安全出口的设置要求如图5-175所示。

建筑高度h≤27m的建筑,当每个单元任一层的建筑面积S≤650m²,且任一户门至最近安全出口的距离L≤15m时,每个单元每层可设置1个安全出口

图5-175 建筑高度不大于27m的住宅建筑安全出口的设置要求示意

2 建筑高度大于27m、不大于54m的建筑,当每个单元任一层的建筑面积大于650m²,或任一户门至最近安全出口的距离大于10m时,每个单元每层的安全出口不应少于2个;

【条文释义】 建筑高度大于27m、不大于54m的住宅建筑安全出口的设置要求如图5-176所示。

建筑高度h≤27m的建筑,当每个单元任一层的建筑面积S≤650m²,且任一户门至最近安全出口的距离L≤15m时,每个单元每层可设置1个安全出口

图5-176 建筑高度大于27m,不大于54m的住宅建筑安全出口的设置要求示意

注:1. 建筑高度27m<h≤54m的住宅建筑,每单元设置一座疏散楼梯时,还应符合5.5.27条的规定。
2. 图中标注的疏散门均应或可能为乙级疏散门,设置要求见5.5.26、5.5.27及6.4条

3 建筑高度大于 54m 的建筑，每个单元每层的安全出口不应少于 2 个。

【条文释义】 建筑高度大于 54m 的住宅建筑安全出口的设置要求如图 5-177 所示。

图 5-177 建筑高度 $h >$ 54m 的住宅建筑安全出口的设置要求示意图

注：图中标注的疏散门均应或可能为乙级防火门，设置要求见第 5.5.26、5.5.27 及 6.4 条

5.5.26 建筑高度大于 27m，但不大于 54m 的住宅建筑，每个单元设置一座疏散楼梯时，疏散楼梯应通至屋面，且单元之间的疏散楼梯应能通过屋面连通，户门应采用乙级防火门。当不能通至屋面或不能通过屋面连通时，应设置 2 个安全出口。

【条文释义】 建筑高度大于 27m，但不大于 54m 的住宅建筑单元屋顶安全出口的设置要求如图 5-178 所示。

图 5-178 建筑高度 27m ＜ h ≤ 54m 的住宅建筑单元屋顶安全出口的设置要求示意

5.5.27 住宅建筑的疏散楼梯设置应符合下列规定：

1 建筑高度不大于21m的住宅建筑可采用敞开楼梯间；与电梯井相邻布置的疏散楼梯应采用封闭楼梯间，当户门采用乙级防火门时，仍可采用敞开楼梯间。

2 建筑高度大于21m、不大于33m的住宅建筑应采用封闭楼梯间；当户门采用乙级防火门时，可采用敞开楼梯间。

【条文释义】 住宅建筑的疏散楼梯的设置要求如图5-179和图5-180所示。

图 5-179　建筑高度大于 21m、不大于 33m 的　　　图 5-180　建筑高度 ≤ 21m 或建筑高度 21m ＜
　　　　　住宅建筑疏散楼梯的设置要求　　　　　　　　　　　 h ≤ 33m 的住宅建筑疏散楼梯的设置要求示意

3 建筑高度大于33m的住宅建筑应采用防烟楼梯间。户门不宜直接开向前室，确有困难时，每层开向同一前室的户门不应大于3樘且应采用乙级防火门。

【条文释义】 建筑高度大于33m的住宅建筑的防烟楼梯间的设置要求如图5-181和图5-182所示。

图 5-181　建筑高度大于 33m 的住宅建筑的防烟楼梯　　图 5-182　建筑高度大于 33m 的住宅建筑的防烟楼
　　　　　间的设置要求示意（1）　　　　　　　　　　　　　梯间的设置要求示意（2）

5.5.28 住宅单元的疏散楼梯，当分散设置确有困难且任一户门至最近疏散楼梯间入口的距离不大于 10m 时，可采用剪刀楼梯间，但应符合下列规定：

　　1 应采用防烟楼梯间。

　　2 梯段之间应设置耐火极限不低于 1.00h 的防火隔墙。

　　3 楼梯间的前室不宜共用；共用时，前室的使用面积不应小于 6.0m²。

【条文释义】 住宅单元的疏散楼梯布置如图 5-183 所示。

图 5-183　住宅单元的疏散楼梯布置示意

注：图中标注的疏散门均应或可能为乙级防火门，设置要求见第 5.5.26、5.5.27 及 6.4 条

　　4 楼梯间的前室或共用前室不宜与消防电梯的前室合用；楼梯间的共用前室与消防电梯的前室合用时，合用前室的使用面积不应小于 12.0m²，且短边不应小于 2.4m。

【条文释义】 楼梯间的前室或共用前室的设置要求如图 5-184 所示。

图 5-184　楼梯间的前室或共用前室的设置要求示意

注：图中标注的疏散门均应或可能为乙级防火门，设置要求见第 5.5.26、5.5.27 及 6.4 条

5.5.29 住宅建筑的安全疏散距离应符合下列规定：

1 直通疏散走道的户门至最近安全出口的直线距离不应大于表5.5.29的规定。

表5.5.29 住宅建筑直通疏散走道的户门至最近安全出口的直线距离（m）

住宅建筑类别	位于两个安全出口之间的户门			位于袋形走道两侧或尽端的户门		
	一、二级	三级	四级	一、二级	三级	四级
单、多层	40	35	25	22	20	15
高层	40	—	—	20	—	—

注：1 开向敞开式外廊的户门至最近安全出口的最大直线距离可按本表的规定增加5m。

2 直通疏散走道的户门至最近开敞楼梯间的直线距离，当户门位于两个楼梯间之间时，应按本表的规定减少5m；当户门位于袋形走道两侧或尽端时，应按本表的规定减少2m。

3 住宅建筑内全部设置自动喷水灭火系统时，其安全疏散距离可按本表的规定增加25%。

4 跃廊式住宅的户门至最近安全出口的距离，应从户门算起，小楼梯的一段距离可按其水平投影长度的1.50倍计算。

【条文释义】 住宅建筑的安全疏散距离如图5-185所示。

图5-185 住宅建筑的安全疏散距离示意

注：建筑物内全部设自动喷水灭火系统时，安全疏散距离按括号内数字

2 楼梯间应在首层直通室外，或在首层采用扩大的封闭楼梯间或防烟楼梯间前室。层数不超过4层时，可将直通室外的门设置在离楼梯间不大于15m处。

【条文释义】 住宅建筑楼梯间的设置要求如图5-186～图5-188所示。

图5-186 楼梯间首层安全出口设置要求示意   图5-187 首层采用扩大封闭楼梯间的设置要求示意

$a+b \leqslant 15\text{m}$

图 5-188　不超过四层建筑的楼梯间的设置要求示意

3　户内任一点至直通疏散走道的户门的直线距离不应大于表 5.5.29 规定的袋形走道两侧或尽端的疏散门至最近安全出口的最大直线距离。

　　注：跃层式住宅，户内楼梯的距离可按其梯段水平投影长度的 1.50 倍计算。

【条文释义】　户内任一点至直通疏散走道的户门的直线距离如图 5-189 所示。

图 5-189　户内任一点至直通疏散走道的户门的直线距离示意

L— 房间内任意一点到疏散门的距离

5.5.30　住宅建筑的户门、安全出口、疏散走道和疏散楼梯的各自总净宽度应经计算确定，且户门和安全出口的净宽度不应小于 0.90m，疏散走道、疏散楼梯和首层疏散外门的净宽度不应小于 1.10m。建筑高度不大于 18m 的住宅中一边设置栏杆的疏散楼梯，其净宽度不应小于 1.0m。

【条文释义】　住宅建筑的户门、安全出口、疏散走道和疏散楼梯的各自总净宽度如图 5-190 ～ 图 5-192 所示。

图 5-190　住宅建筑中疏散通道的总净宽度要求示意

注：住宅建筑的户门、安全出口、疏散走道和疏散楼梯的各自总净宽度应经计算确定

图 5-191　多层住宅中疏散通道的
总净宽度要求示意

图 5-192　高层住宅中疏散通道的
总净宽度要求示意

5.5.31　建筑高度大于 100m 的住宅建筑应设置避难层，避难层的设置应符合本规范第 5.5.23 条有关避难层的要求。

【条文释义】　建筑高度大于 100m 的住宅建筑设置避难层的要求如图 5-193～图 5-195 所示。

图 5-193　建筑高度 h > 100m 住宅建
筑设置避难层的要求立面示意

图 5-194　建筑高度 h > 100m 住宅建筑设置避难层的
要求剖面示意

靠外墙布置并应
设置可开启外窗

窗槛墙的高度不
应低于1.2m，与
相邻外墙开口的
间距L不应小于
1.5m

下
上

避难间

FM乙

房间门应采用
乙级防火门

单元式住宅建筑，
当不设置避难层
时，应自第十八
层起在每户靠近
户门处设置一间
避难间，可兼作
其他用途，建筑
面积不应小于4m²

图 5-195　建筑高度 $h > 100m$ 住宅建筑设置避难层的要求平面示意

5.5.32　建筑高度大于 54m 的住宅建筑，每户应有一间房间符合下列规定：

　　1　应靠外墙设置，并应设置可开启外窗；

　　2　内、外墙体的耐火极限不应低于1.00h，该房间的门宜采用乙级防火门，外窗的耐火完整性不宜低于1.00h。

【条文释义】　建筑高度大于54m的住宅建筑，每户应有一间房间的规定如图5-196所示。

建筑高度大于54m的住宅建筑，每户应有一间房间应
靠外墙设置，并应设置可开启外窗；
外窗宜采用耐火完整性不低于1.00h的防火窗

FM乙

前室

安全出口

FM乙

FM乙

FM乙

FM乙

前室

前室

建筑高度大于54m的住宅
建筑，每户应有一间房间，
其内、外墙体的耐火极限
不应低于1.00h

建筑高度大于54m的住宅
建筑，每户应有一间房间，
该房间的门宜采用乙级防
火门

图 5-196　建筑高度 $h > 54m$ 的住宅建筑每户应有一间房屋的规定示意

6 建筑构造

6.1 防火墙

6.1.1　防火墙应直接设置在建筑的基础或框架、梁等承重结构上，框架、梁等承重结构的耐火极限不应低于防火墙的耐火极限。

【条文释义】　防火墙的设置如图 6-1 和图 6-2 所示。

图 6-1　防火墙的设置（1）　　　　　　图 6-2　防火墙的设置（2）

防火墙应从楼地面基层隔断至梁、楼板或屋面板的底面基层。当高层厂房（仓库）屋顶承重结构和屋面板的耐火极限低于 1.00h，其他建筑屋顶承重结构和屋面板的耐火极限低于 0.50h 时，防火墙应高出屋面 0.5m 以上。

【条文释义】　防火墙如图 6-3 和图 6-4 所示。

图 6-3　防火墙示意（1）　　　　　　图 6-4　防火墙示意（2）

6.1.2 防火墙横截面中心线水平距离天窗端面小于 4.0m，且天窗端面为可燃性墙体时，应采取防止火势蔓延的措施。

【条文释义】 防火墙与天窗端面如图 6-5 和图 6-6 所示。

图 6-5 防火墙与天窗端面剖面示意

图 6-6 防火墙与天窗端面立面示意

6.1.3 建筑外墙为难燃性或可燃性墙体时，防火墙应凸出墙的外表面 0.4m 以上，且防火墙两侧的外墙均应为宽度均不小于 2.0m 的不燃性墙体，其耐火极限不应低于外墙的耐火极限。

【条文释义】 建筑外墙为难燃性或可燃性墙体时，防火墙的设置如图 6-7 所示。

建筑外墙为不燃性墙体时，防火墙可不凸出墙的外表面，紧靠防火墙两侧的门、窗、洞口之间最近边缘的水平距离不应小于 2.0m；采取设置乙级防火窗等防止火灾水平蔓延的措施时，该距离不限。

图 6-7　建筑外墙为难燃性或可燃性墙体时防火墙的设置示意

【条文释义】　建筑外墙为不燃性墙体时的防火墙的设置如图 6-8 和图 6-9 所示。

图 6-8　建筑外墙为不燃性墙体时的防火墙的
设置示意（1）

图 6-9　建筑外墙为不燃性墙体时的
防火墙的设置示意（2）

6.1.4　建筑内的防火墙不宜设置在转角处，确需设置时，内转角两侧墙上的门、窗、洞口之间最近边缘的 水平距离不应小于 4.0m；采取设置乙级防火窗等防止火灾水平蔓延的措施时，该距离不限。

【条文释义】　建筑内的防火墙设置如图 6-10 和图 6-11 所示。

图 6-10　建筑内防火墙的设置示意（1）

图 6-11　建筑内防火墙的设置示意（2）

6.1.5　防火墙上不应开设门、窗、洞口，确需开设时，应设置不可开启或火灾时能自动关闭的甲级防火门、窗。

【条文释义】　防火墙上开设门、窗、洞口的要求如图 6-12 所示。

　图解《建筑设计防火规范》（2018 年版）（双色版）

(a) 不应开设门、窗、洞口的情况 (b) 设置能自动关闭的甲级防火门、窗

图 6-12 防火墙上开设门、窗、洞口的要求示意

注：确需开设时，应设置不可开启或火灾时能自动关闭的甲级防火门、窗

可燃气体和甲、乙、丙类液体的管道严禁穿过防火墙。防火墙内不应设置排气道。

【条文释义】 可燃气体及甲、乙、丙类液体的管道和防火窗及防火墙和排气道的设置如图 6-13 和图 6-14 所示。

图 6-13 可燃气体及甲、乙、丙类液体的管道
和防火窗的设置示意

图 6-14 防火墙和排气道的设置示意

6.1.6 除本规范第 6.1.5 条规定外的其他管道不宜穿过防火墙，确需穿过时，应采用防火封堵材料将墙与管道之间的空隙紧密填实，穿过防火墙处的管道保温材料，应采用不燃材料；当管道为难燃及可燃材料时，应在防火墙两侧的管道上采取防火措施。

【条文释义】 除本规范第 6.1.5 条规定外的其他管道不宜穿过防火墙时的管道的设置如图 6-15 所示。

图 6-15 不宜穿过防火墙时的管道的设置示意

6.1.7 防火墙的构造应能在防火墙任意一侧的屋架、梁、楼板等受到火灾的影响而破坏时，不会导致防火墙倒塌。

【条文释义】 防火墙的构造如图 6-16～图 6-19 所示。

图 6-16 防火墙的构造示意（1）

图 6-17 防火墙的构造示意（2）

图 6-18 防火墙的构造示意（3）

图 6-19 防火墙的构造示意（4）

6.2 建筑构件和管道井

6.2.1 剧场等建筑的舞台与观众厅之间的隔墙应采用耐火极限不低于 3.00h 的防火隔墙。

【条文释义】 剧场等建筑的舞台与观众厅之间的隔墙如图 6-20 所示。

图 6-20　剧场等建筑的舞台与观众厅之间的隔墙示意

舞台上部与观众厅闷顶之间的隔墙可采用耐火极限不低于 1.50h 的防火隔墙，隔墙上的门应采用乙级防火门。

舞台下部的灯光操作室和可燃物储藏室应采用耐火极限不低于 2.00h 的防火隔墙与其他部位分隔。

【条文释义】　舞台上部与观众厅闷顶之间的隔墙和舞台下部的灯光操作室和可燃物储藏室如图 6-21 所示。

图 6-21　剧场舞台空间防火墙设置示意

电影放映室、卷片室应采用耐火极限不低于 1.50h 的防火隔墙与其他部位分隔，观察孔和放映孔应采取防火分隔措施。

【条文释义】　电影放映室、卷片室和观察孔、放映孔如图 6-22 和图 6-23 所示。

图 6-22 电影放映室、卷片室示意　　　　图 6-23 观察孔、放映孔示意

6.2.2 医疗建筑内的手术室或手术部、产房、重症监护室、贵重精密医疗装备用房、储藏间、实验室、胶片室等，附设在建筑内的托儿所、幼儿园的儿童用房和儿童游乐厅等儿童活动场所、老年人照料设施，应采用耐火极限不低于 2.00h 的防火隔墙和 1.00h 的楼板与其他场所或部位分隔，墙上必须设置的门、窗应采用乙级防火门、窗。

【条文释义】 医疗建筑内的手术室或手术部、产房、重症监护室、贵重精密医疗装备用房、储藏间、实验室、胶片室等，附设在建筑内的托儿所、幼儿园的儿童用房和儿童游乐厅等儿童活动场所、老年人照料设施的耐火极限如图 6-24 和图 6-25 所示。

(a) 平面图

(b) 1—1剖面图

图 6-24　医疗建筑内的手术室或手术部、产房、重症监护室、贵重精密医疗装备用
房、储藏间、实验室、胶片室等的耐火极限示意

(a) 平面图

(b) 2—2剖面图

图 6-25　附设在建筑内的托儿所、幼儿园的儿童用房和儿童游乐厅等儿童活动场所、
老年人照料设施的面积极限示意

6.2.3 建筑内的下列部位应采用耐火极限不低于 2.00h 的防火隔墙与其他部位分隔，墙上的门、窗应采用乙级防火门、窗，确有困难时，可采用防火卷帘，但应符合本规范第 6.5.3 条的规定：

　　1　甲、乙类生产部位和建筑内使用丙类液体的部位；
　　2　厂房内有明火和高温的部位；

【条文释义】　甲、乙类生产部位和建筑内使用丙类液体的部位和厂房内有明火和高温的部位防火墙的设置如图 6-26 所示。

图 6-26　建筑内需设防火墙和防火门、窗的部位示意

　　3　甲、乙、丙类厂房（仓库）内布置有不同火灾危险性类别的房间；

【条文释义】　甲、乙、丙类厂房（仓库）内布置有不同火灾危险性类别的房间防火墙的设置如图 6-27 所示。

图 6-27　甲、乙、丙类厂房（仓库）内布置有不同火灾危险性类别的房间防火墙的设置示意

　　4　民用建筑内的附属库房，剧场后台的辅助用房；

【条文释义】　民用建筑内的附属库房，剧场后台的辅助用房防火墙的设置如图 6-28 所示。

图 6-28　民用建筑内的附属库房，剧场后台的辅助用房防火墙的设置示意

注：后台的辅助用房包括楼层

5 除居住建筑中套内的厨房外，宿舍、公寓建筑中的公共厨房和其他建筑内的厨房；

【条文释义】 除居住建筑中套内的厨房外，宿舍、公寓建筑中的公共厨房和其他建筑内的厨房防火墙的设置如图6-29所示。

图6-29 除居住建筑中套内的厨房外，宿舍、公寓建筑中的公共厨房和
其他建筑内的厨房防火墙的设置示意
注：住宅的厨房除外

6 附设在住宅建筑内的机动车库。

【条文释义】 附设在住宅建筑内的机动车库防火墙的设置如图6-30所示。

图6-30 附设在住宅建筑内的机动车库防火墙的设置示意

6.2.4 建筑内的防火隔墙应从楼地面基层隔断至梁、楼板或屋面板的底面基层。住宅分户墙和单元之间的墙应隔断至梁、楼板或屋面板的底面基层，屋面板的耐火极限不应低于0.50h。

【条文释义】 建筑内的防火隔墙和住宅分户墙和单元之间的墙如图6-31～图6-33所示。

图 6-31　建筑内的防火隔墙示意　　　　　　　图 6-32　住宅分户墙示意

图 6-33　住宅分户墙和单元之间的墙隔断剖面示意

6.2.5　除本规范另有规定外，建筑外墙上、下层开口之间应设置高度不小于 1.2m 的实体墙或挑出宽度不小于 1.0m、长度不小于开口宽度的防火挑檐；当室内设置自动喷水灭火系统时，上、下层开口之间的实体墙高度不应小于 0.8m。当上、下层开口之间设置实体墙确有困难时，可设置防火玻璃墙，但高层建筑的防火玻璃墙的耐火完整性不应低于 1.00h，多层建筑的防火玻璃墙的耐火完整性不应低于 0.50h。外窗的耐火完整性不应低于防火玻璃墙的耐火完整性要求。

【条文释义】　除本规范另有规定外，建筑外墙上、下层开口之间如图 6-34 和图 6-35 所示。

(a) 建筑外墙剖面图　　(b)建筑外墙有建筑幕墙剖面图　　(c) 平面图　　(d) 1—1

图 6-34　除本规范另有规定外，建筑外墙上、下层开口之间的设置示意

注：1. 当室内设置自动喷水灭火系统时，上、下层开口之间的墙体高度执行括号内数字。

　　2. 如下部外窗的上沿以上为上一层梁时，该梁的高度应计入上、下层开扣件的墙体高度。

　　3. 实体墙、防火挑檐的耐火极限和燃烧性能，均不应低于相应耐火等级建筑外墙的要求

(a) 高层建筑: a≥1.00h

(b) 多层建筑: a≥0.50h

图 6-35　防火玻璃幕墙示意

注：当上、下层开口之间设置实体墙确有困难时，可设置防火玻璃幕墙

　　　住宅建筑外墙上相邻户开口之间的墙体宽度不应小于 1.0m；小于 1.0m 时，应在开口之间设置突出外墙不小于 0.6m 的隔板。

【条文释义】　住宅建筑外墙上相邻户开口之间的墙体如图 6-36 所示。

图 6-36　住宅建筑外墙上相邻户开口之间的墙体示意

注：隔板的耐火极限和燃烧性能，均不应低于相应耐火极限建筑外墙的要求

　　　实体墙、防火挑檐和隔板的耐火极限和燃烧性能，均不应低于相应耐火等级建筑外墙的要求。

6.2.6　建筑幕墙应在每层楼板外沿处采取符合本规范第 6.2.5 条规定的防火措施，幕墙与每层楼板、隔墙处的缝隙应采用防火封堵材料封堵。

【条文释义】　建筑幕墙构造图如图 6-37 所示。

图 6-37　建筑幕墙构造图示意

6.2.7 附设在建筑内的消防控制室、灭火设备室、消防水泵房和通风空气调节机房、变配电室等，应采用耐火极限不低于 2.00h 的防火隔墙和 1.50h 的楼板与其他部位分隔。

设置在丁、戊类厂房内的通风机房，应采用耐火极限不低于 1.00h 的防火隔墙和 0.50h 的楼板与其他部位分隔。

通风、空气调节机房和变配电室开向建筑内的门应采用甲级防火门，消防控制室和其他设备房开向建筑内的门应采用乙级防火门。

【条文释义】 附设在建筑内的消防控制室、灭火设备室、消防水泵房和通风空气调节机房、变配电室如图 6-38 所示。

图 6-38 附设在建筑内的消防控制室、灭火设备室、
消防水泵房和通风空气调节机房、变配电室示意

6.2.8 冷库、低温环境生产场所采用泡沫塑料等可燃材料作墙体内的绝热层时，宜采用不燃绝热材料在每层楼板处做水平防火分隔。防火分隔部位的耐火极限不应低于楼板的耐火极限。冷库阁楼层和墙体的可燃绝热层宜采用不燃性墙体分隔。

冷库、低温环境生产场所采用泡沫塑料作内绝热层时，绝热层的燃烧性能不应低于 B_1 级，且绝热层的表面应采用不燃材料做防护层。

【条文释义】 冷库的防火设置如图 6-39 所示。

图 6-39　冷库示意

图 6-40　阁楼层构造示意

冷库的库房与加工车间贴邻建造时，应采用防火墙分隔，当确需开设相互连通的开口时，应采取防火隔间等措施进行分隔，隔间两侧的门应为甲级防火门。当冷库的氨压缩机房与加工车间贴邻时，应采用不开门窗洞口的防火墙分隔。

【条文释义】　冷库的库房与加工车间及冷库的氨压缩机房的防火设置如图 6-41 所示。

6.2.9　建筑内的电梯井等竖井应符合下列规定：

　　1　电梯井应独立设置，井内严禁敷设可燃气体和甲、乙、丙类液体管道，不应敷设与电梯无关的电缆、电线等。电梯井的井壁除设置电梯门、安全逃生门和通气孔洞外，不应设置其他开口。

【条文释义】　建筑内的电梯井设置如图 6-42 所示。

图 6-41　冷库的库房与加工车间及冷库
　　　的氨压缩机房的防火设置示意

图 6-42　建筑内的电梯井设置示意

　　2　电缆井、管道井、排烟道、排气道、垃圾道等竖向井道，应分别独立设置。井壁的耐火极限不应低于 1.00h，井壁上的检查门应采用丙级防火门。

【条文释义】　电缆井、管道井、排烟道、排气道、垃圾道等竖向井道防火设置如图 6-43 所示。

图 6-43　电缆井、管道井、排烟道、排气道、垃圾道等竖向井道防火设置示意

3　建筑内的电缆井、管道井应在每层楼板处采用不低于楼板耐火极限的不燃材料或防火封堵材料封堵。

【条文释义】　建筑内的电缆井、管道井如图 6-44 所示。

图 6-44　建筑内的电缆井、管道井示意

建筑内的电缆井、管道井与房间、走道等相连通的孔隙应采用防火封堵材料封堵。

【条文释义】　建筑内的电缆井、管道井与房间、走道等相连通的孔隙如图 6-45 所示。

图 6-45　建筑内的电缆井、管道井与房间、走道等相连通的孔隙示意

4 建筑内的垃圾道宜靠外墙设置，垃圾道的排气口应直接开向室外，垃圾斗应采用不燃材料制作，并应能自行关闭。

【条文释义】 建筑内的垃圾道构造如图 6-46 所示。

外墙　排气口应直接开向室外

垃圾道

垃圾斗宜设在垃圾道前室内，该前室应采用丙级防火门。垃圾斗应采用不燃烧材料制作，并应能自行关闭

FM丙　垃圾道前室

图 6-46　建筑内的垃圾道构造示意

5 电梯层门的耐火极限不应低于 1.00h，并应符合现行国家标准《电梯层门耐火试验完整性、隔热性和热通量测定法》GB/T 27903 规定的完整性和隔热性要求。

【条文释义】 电梯层门如图 6-47 所示。

电梯层门的耐火极限应≥1.00h，并应符合现行国家标准《电梯层门耐火试验完整性、隔热性和热通量测定法》(GB/T 27903) 规定的完整性和隔热性要求

图 6-47　电梯层门示意

6.2.10 户外电致发光广告牌不应直接设置在有可燃、难燃材料的墙体上。户外广告牌的设置不应遮挡建筑的外窗，不应影响外部灭火救援行动。

【条文释义】 户外广告牌的设置如图 6-48 所示。

(a) 平面示意图   (b) 1—1   (c) 2—2

图 6-48　户外广告牌示意

6.3　屋顶、闷顶和建筑缝隙

6.3.1　在三、四级耐火等级建筑的闷顶内采用可燃材料作绝热层时，屋顶不应采用冷摊瓦。

闷顶内的非金属烟囱周围 0.5m、金属烟囱 0.7m 范围内，应采用不燃材料作绝热层。

【条文释义】　三、四级耐火等级建筑的闷顶如图 6-49 所示。

图 6-49　三、四级耐火等级建筑的闷顶示意

6.3.2　层数超过 2 层的三级耐火等级建筑内的闷顶，应在每个防火隔断范围内设置老虎窗，且老虎窗的间距不宜大于 50m。

【条文释义】　层数超过 2 层的三级耐火等级建筑内的闷顶设置如图 6-50 所示。

图 6-50　层数超过 2 层的三级耐火等级建筑内的闷顶设置示意

　　图解《建筑设计防火规范》（2018 年版）（双色版）

6.3.3 内有可燃物的闷顶，应在每个防火隔断范围内设置净宽度和净高度均不小于0.7m的闷顶入口；对于公共建筑，每个防火隔断范围内的闷顶入口不宜少于2个。闷顶入口宜布置在走廊中靠近楼梯间的部位。

【条文释义】 内有可燃物的闷顶的防火设置如图6-51所示。

图 6-51 内有可燃物的闷顶的防火设置示意

6.3.4 变形缝内的填充材料和变形缝的构造基层应采用不燃材料。

电线、电缆、可燃气体和甲、乙、丙类液体的管道不宜穿过建筑内的变形缝，确需穿过时，应在穿过处加设不燃材料制作的套管或采取其他防变形措施，并应采用防火封堵材料封堵。

【条文释义】 变形缝内的填充材料和变形缝的构造基层如图6-52所示。

图 6-52 变形缝的构造示意

6.3.5 防烟、排烟、供暖、通风和空气调节系统中的管道及建筑内的其他管道，在穿越防火隔墙、楼板和防火墙处的孔隙应采用防火封堵材料封堵。

【条文释义】 防烟、排烟、供暖、通风和空气调节系统中的管道及建筑内的其他管道如图 6-53 所示。

图 6-53 防烟、排烟、供暖、通风和空气调节系统中的管道及建筑内的其他管道示意

风管穿过防火隔墙、楼板和防火墙时，穿越处风管上的防火阀、排烟防火阀两侧各 2.0m 范围内的风管应采用耐火风管或风管外壁应采取防火保护措施，且耐火极限不应低于该防火分隔体的耐火极限。

【条文释义】 风管穿过防火隔墙、楼板和防火墙的设置如图 6-54 所示。

图 6-54 风管穿过防火隔墙、楼板和防火墙的设置示意

6.3.6 建筑内受高温或火焰作用易变形的管道，在贯穿楼板部位和穿越防火隔墙的两侧宜采取阻火措施。

【条文释义】 建筑内受高温或火焰作用易变形的管道的防火措施如图6-55所示。

图6-55 建筑内受高温或火焰作用易变形的管道的防火措施示意

6.3.7 建筑屋顶上的开口与邻近建筑或设施之间，应采取防止火灾蔓延的措施。

6.4 疏散楼梯间和疏散楼梯等

6.4.1 疏散楼梯间应符合下列规定：

1 楼梯间应能天然采光和自然通风，并宜靠外墙设置。靠外墙设置时，楼梯间、前室及合用前室外墙上的窗口与两侧门、窗、洞口最近边缘的水平距离不应小于1.0m。

【条文释义】 疏散楼梯间设置如图6-56所示。

图6-56 疏散楼梯间示意

2 楼梯间内不应设置烧水间、可燃材料储藏室、垃圾道。

【条文释义】 疏散楼梯间内设置如图6-57所示。

3 楼梯间内不应有影响疏散的凸出物或其他障碍物。

【条文释义】 楼梯间内不应有影响疏散的凸出物或其他障碍物，如图6-58所示。

图 6-57　疏散楼梯间内设置示意　　　　图 6-58　疏散楼梯间的设置规定示意

4　封闭楼梯间、防烟楼梯间及其前室，不应设置卷帘。

【条文释义】　封闭楼梯间、防烟楼梯间及其前室的设置要求如图 6-59 所示。

图 6-59　封闭楼梯间、防烟楼梯间及其前室的设置要求示意

5　楼梯间内不应设置甲、乙、丙类液体管道。

【条文释义】　楼梯间内不应设置甲、乙、丙类液体管道，如图 6-60 所示。

图 6-60　公共建筑的楼梯间管道设置示意（1）

6 封闭楼梯间、防烟楼梯间及其前室内禁止穿过或设置可燃气体管道。敞开楼梯间内不应设置可燃气体管道，当住宅建筑的敞开楼梯间内确需设置可燃气体管道和可燃气体计量表时，应采用金属管和设置切断气源的阀门。

【条文释义】 公共建筑的楼梯间管道设置要求如图 6-61 所示。

图 6-61　公共建筑的楼梯间管道设置要求示意（2）

6.4.2 封闭楼梯间除应符合本规范第 6.4.1 条的规定外，尚应符合下列规定：

　　1 不能自然通风或自然通风不能满足要求时，应设置机械加压送风系统或采用防烟楼梯间。

【条文释义】 封闭楼梯间不能自然通风或自然通风不能满足要求时的封闭楼梯间如图 6-62 所示。

图 6-62　封闭楼梯间示意（1）

　　2 除楼梯间的出入口和外窗外，楼梯间的墙上不应开设其他门、窗、洞口。

【条文释义】 除楼梯间的出入口和外窗外，楼梯间的墙如图 6-63 所示。

图 6-63 楼梯间的墙示意

3 高层建筑、人员密集的公共建筑、人员密集的多层丙类厂房、甲、乙类厂房，其封闭楼梯间的门应采用乙级防火门，并应向疏散方向开启；其他建筑，可采用双向弹簧门。

【条文释义】 高层建筑、人员密集的公共建筑、人员密集的多层丙类厂房、甲、乙类厂房的封闭楼梯间如图 6-64 所示。

图 6-64 封闭楼梯间示意（2）

4 楼梯间的首层可将走道和门厅等包括在楼梯间内形成扩大的封闭楼梯间，但应采用乙级防火门等与其他走道和房间分隔。

【条文释义】 楼梯间的首层平面图如图 6-65 所示。

图 6-65　楼梯间的首层平面图

6.4.3　防烟楼梯间除应符合本规范第 6.4.1 条的规定外，尚应符合下列规定：

　1　应设置防烟设施。

　2　前室可与消防电梯间前室合用。

　3　前室的使用面积：公共建筑、高层厂房（仓库），不应小于 6.0m²；住宅建筑，不应小于 4.5m²。

【条文释义】　前室的使用面积如图 6-66 所示。

图 6-66　前室的使用面积示意

　与消防电梯间前室合用时，合用前室的使用面积：公共建筑、高层厂房（仓库），不应小于 10.0m²；住宅建筑，不应小于 6.0m²。

【条文释义】 与消防电梯间前室合用时，合用前室的使用面积如图 6-67 所示。

合用前室使用面积：
公共建筑、高层厂、
房(仓库)≥10m²；
居住建筑≥6m²

图 6-67　与消防电梯间前室合用时，合用前室的使用面积示意

4　疏散走道通向前室以及前室通向楼梯间的门应采用乙级防火门。

【条文释义】 疏散走道通向前室以及前室通向楼梯间的门如图 6-68 所示。

防烟楼梯间

凹廊

疏散走道

图 6-68　疏散走道通向前室以及前室通向楼梯间的门示意

5　除住宅建筑的楼梯间前室外，防烟楼梯间和前室内的墙上不应开设除疏散门和送风口外的其他门、窗、洞口。

6　楼梯间的首层可将走道和门厅等包括在楼梯间前室内形成扩大的前室，但应采用乙级防火门等与其他走道和房间分隔。

【条文释义】 楼梯间的首层如图 6-69 所示。

图 6-69　楼梯间的首层示意

6.4.4　除通向避难层错位的疏散楼梯外，建筑内的疏散楼梯间在各层的平面位置不应改变。

【条文释义】　除通向避难层错位的疏散楼梯外，建筑内的疏散楼梯间在各层的平面位置如图 6-70 所示。

图 6-70　除通向避难层错位的疏散楼梯外，建筑内的疏散楼梯间在各层的平面位置示意

除住宅建筑套内的自用楼梯外，地下或半地下建筑（室）的疏散楼梯间，应符合下列规定：

　　1　室内地面与室外出入口地坪高差大于 10m 或 3 层及以上的地下、半地下建筑（室），其疏散楼梯应采用防烟楼梯间；其他地下或半地下建筑（室），其疏散楼梯应采用封闭楼梯间。

　　2　应在首层采用耐火极限不低于 2.00h 的防火隔墙与其他部位分隔并应直通室外，确需在隔墙上开门时，应采用乙级防火门。

【条文释义】　除住宅建筑套内的自用楼梯外，地下或半地下建筑（室）的疏散楼梯间如图 6-71 所示。

图 6-71　地下或半地下的楼梯间首层示意

【条文释义】　建筑的地下或半地下部分与地上部分不应共用楼梯间，确需共用楼梯间时如图 6-72 所示。

(a) 疏散楼梯间首层平面图

(b) 首层疏散楼梯间
(通往地下层)

(c) 地上各层疏散楼梯间示意

(d) l—1剖面图

(e) 2—2剖面图

图 6-72　疏散楼梯间示意

6.4.5 室外疏散楼梯应符合下列规定：

1 栏杆扶手的高度不应小于 1.10m，楼梯的净宽度不应小于 0.90m。

2 倾斜角度不应大于 45°。

3 梯段和平台均应采用不燃材料制作。平台的耐火极限不应低于 1.00h，梯段的耐火极限不应低于 0.25h。

4 通向室外楼梯的门应采用乙级防火门，并应向外开启。

5 除疏散门外，楼梯周围 2m 内的墙面上不应设置门、窗、洞口。疏散门不应正对梯段。

【条文释义】 室外疏散楼梯如图 6-73 和图 6-74 所示。

图 6-73 室外疏散楼梯立面图

图 6-74 室外疏散楼梯平面图

6.4.6 用作丁、戊类厂房内第二安全出口的楼梯可采用金属梯，但其净宽度不应小于 0.90m，倾斜角度不应大于 45°。

【条文释义】 用作丁、戊类厂房内第二安全出口的楼梯可采用金属梯，如图 6-75 所示。

图 6-75　用作丁、戊类厂房内第二安全出口的楼梯可采用的金属梯示意

　　丁、戊类高层厂房，当每层工作平台上的人数不超过 2 人且各层工作平台上同时工作的人数总和不超过 10 人时，其疏散楼梯可采用敞开楼梯或利用净宽度不小于 0.90m、倾斜角度不大于 60° 的金属梯。

【条文释义】　丁、戊类高层厂房疏散楼梯如图 6-76 所示。

图 6-76　丁、戊类高层厂房疏散楼梯示意

6.4.7　疏散用楼梯和疏散通道上的阶梯不宜采用螺旋楼梯和扇形踏步；确需采用时，踏步上、下两级所形成的平面角度不应大于 10°，且每级离扶手 250mm 处的踏步深度不应小于 220mm。

【条文释义】　疏散用楼梯和疏散通道上的阶梯如图 6-77 和图 6-78 所示。

旋转楼梯
扇形踏步
通道
不宜用作疏散楼梯和疏散通
道上的阶梯[必须采用时，
应符合6.4.7(1)的要求]

图 6-77 旋转楼梯和扇形楼梯示意

踏步
扶手
必须采用时
应符合的要求
≥220
250
≤10°

图 6-78 踏步上、下两级所形成的平面示意

6.4.8 建筑内的公共疏散楼梯，其两梯段及扶手间的水平净距不宜小于 150mm。

【条文释义】 建筑内的公共疏散楼梯，其两梯段及扶手间的水平净距如图 6-79 所示。

净距离宜≥150mm
上   下

图 6-79 建筑内的公共疏散楼梯中两梯段及扶手间的水平净距示意

6.4.9　高度大于 10m 的三级耐火等级建筑应设置通至屋顶的室外消防梯。室外消防梯不应面对老虎窗，宽度不应小于 0.6m，且宜从离地面 3.0m 高处设置。

【条文释义】　高度大于 10m 的三级耐火等级建筑设置通至屋顶的室外消防梯如图 6-80 所示。

图 6-80　高度大于 10m 的三级耐火等级建筑中的室外消防梯示意

6.4.10　疏散走道在防火分区处应设置常开甲级防火门。

【条文释义】　疏散走道在防火分区处的设置如图 6-81 所示。

图 6-81　疏散走道在防火分区外的设置示意

6.4.11　建筑内的疏散门应符合下列规定：

　　1　民用建筑和厂房的疏散门，应采用向疏散方向开启的平开门，不应采用推拉门、卷帘门、吊门、转门和折叠门。除甲、乙类生产车间外，人数不超过 60 人且每樘门的平均疏散人数不超过 30 人的房间，其疏散门的开启方向不限。

【条文释义】　民用建筑和厂房的疏散门如图 6-82 ～图 6-86 所示。

民用建筑和厂房的疏散门，应采用向疏散方向开启的平开门

疏散方向

图 6-82　民用建筑和厂房的疏散门示意（1）

不应采用卷帘门

疏散方向

图 6-83　民用建筑和厂房的疏散门示意（2）

禁止使用推拉门

禁止使用折叠门

不应采用吊门

疏散方向

不应采用转门(旋转门)

图 6-84　民用建筑和厂房的疏散门示意（3）　　图 6-85　民用建筑和厂房的疏散门示意（4）

图 6-86 民用建筑和厂房的疏散门示意（5）

2 仓库的疏散门应采用向疏散方向开启的平开门，但丙、丁、戊类仓库首层靠墙的外侧可采用推拉门或卷帘门。

【条文释义】 丙、丁、戊类仓库疏散门如图 6-87 所示。

图 6-87 丙、丁、戊类仓库疏散门示意

3 开向疏散楼梯或疏散楼梯间的门，当其完全开启时，不应减少楼梯平台的有效宽度。

4 人员密集场所内平时需要控制人员随意出入的疏散门和设置门禁系统的住宅、宿舍、公寓建筑的外门，应保证火灾时不需使用钥匙等任何工具即能从内部易于打开，并应在显著位置设置具有使用提示的标识。

【条文释义】 人员密集场所内平时需要控制人员随意出入的疏散门和设置门禁系统的住宅、宿舍、公寓建筑的外门如图 6-88 所示。

图 6-88 人员密集场所内平时需要控制人员随意出入的疏散门和设置门禁系统的住宅、宿舍、公寓建筑的外门示意

6.4.12　用于防火分隔的下沉式广场等室外开敞空间，应符合下列规定：

　　1　分隔后的不同区域通向下沉式广场等室外开敞空间的开口最近边缘之间的水平距离不应小于 13m。室外开敞空间除用于人员疏散外不得用于其他商业或可能导致火灾蔓延的用途，其中用于疏散的净面积不应小于 169m²。

　　2　下沉式广场等室外开敞空间内应设置不少于 1 部直通地面的疏散楼梯。当连接下沉广场的防火分区需利用下沉广场进行疏散时，疏散楼梯的总净宽度不应小于任一防火分区通向室外开敞空间的设计疏散总净宽度。

　　3　确需设置防风雨篷时，防风雨篷不应完全封闭，四周开口部位应均匀布置，开口的面积不应小于该空间地面面积的 25%，开口高度不应小于 1.0m；开口设置百叶时，百叶的有效排烟面积可按百叶通风口面积的 60% 计算。

【条文释义】　用于防火分隔的下沉式广场等室外开敞空间的设置要求如图 6-89 所示。

图 6-89　用于防火分隔的下沉式广场的设置要求示意

6.4.13　防火隔间的设置应符合下列规定。

　　1　防火隔间的建筑面积不应小于 6.0m²；

　　2　防火隔间的门应采用甲级防火门；

　　3　不同防火分区通向防火隔间的门不应计入安全出口，门的最小间距不应小于 4m；

　　4　防火隔间内部装修材料的燃烧性能应为 A 级；

　　5　不应用于除人员通行外的其他用途。

【条文释义】 防火隔间的设置如图 6-90 所示。

防火隔间与防火
分区之间应设置
甲级防火门

FM甲

防火隔间

≥4m

FM甲

防火隔间的建筑面积不应
小于6.0m²，防火隔间的内
部装修应全部采用A级装修
材料，且不应用于除人员
通行外的其他用途

不同防火分区开设在防火隔间
墙上的防火门，其最近边缘之
间的水平距离L不应小于4m。
该门不应计作该防火分区的安
全出口

图 6-90　防火隔间的设置示意

6.4.14　避难走道的设置应符合下列规定：

1　避难走道防火隔墙的耐火极限不应低于 3.00h，楼板的耐火极限不应低于 1.50h。

2　避难走道直通地面的出口不应少于 2 个，并应设置在不同方向；当避难走道仅与一个防火分区相通且该防火分区至少有 1 个直通室外的安全出口时，可设置 1 个直通地面的出口。任一防火分区通向避难走道的门至该避难走道最近直通地面的出口的距离不应大于 60m。

3　避难走道的净宽度不应小于任一防火分区通向该避难走道的设计疏散总净宽度。

4　避难走道内部装修材料的燃烧性能应为 A 级。

5　防火分区至避难走道入口处应设置防烟前室，前室的使用面积不应小于 6.0m²，开向前室的门应采用甲级防火门，前室开向避难走道的门应采用乙级防火门。

6　避难走道内应设置消火栓、消防应急照明、应急广播和消防专线电话。

【条文释义】 避难走道的设置如图 6-91 和图 6-92 所示。

图 6-91 避难走道设置示意

注：避难走道内设置的明装消火栓等凸出物，不应影响避难走道的有效疏散宽度

图 6-92 仅与一个防火分区相连通的避难走道设置示意

注：本图中的其他要求可看图 6-91 图示

6.5 防火门、窗和防火卷帘

6.5.1 防火门的设置应符合下列规定：

　　1 设置在建筑内经常有人通行处的防火门宜采用常开防火门。常开防火门应能在火灾时自行关闭，并应具有信号反馈的功能。

【条文释义】 建筑内经常有人通行处的防火门如图 6-93 所示。

图 6-93 常开防火门示意

2 除允许设置常开防火门的位置外，其他位置的防火门均应采用常闭防火门。常闭防火门应在其明显位置设置"保持防火门关闭"等提示标识。

【条文释义】 常闭防火门如图 6-94 所示。

图 6-94 常闭防火门示意

3 除管井检修门和住宅的户门外，防火门应具有自行关闭功能。双扇防火门应具有按顺序自行关闭的功能。

【条文释义】 除管井检修门和住宅的户门外的防火门的设置要求如图 6-95 所示。

图 6-95 除管井检修门和住宅的户门外的防火门的设置要求示意

注：除本规范第 6.4.11 条第 4 款的规定外，防火门应能在其内外两侧手动开启

4 除本规范第 6.4.11 条第 4 款的规定外，防火门应能在其内外两侧手动开启。
5 设置在建筑变形缝附近时，防火门应设置在楼层较多的一侧，并应保证防火门开启时门扇不跨越变形缝。

【条文释义】 设置在建筑变形缝附近的防火门如图 6-96 所示。

图 6-96 设置在建筑变形缝附近的防火门示意

注：门上应设置闭门器（或自动闭门器）、顺序器和火灾时能使闭门器工作的释放
器和信号反馈装置，由消防控制中心控制，做到发生火灾时，门能自动关闭

6 防火门关闭后应具有防烟性能。

7 甲、乙、丙级防火门应符合现行国家标准《防火门》GB 12955 的规定。

6.5.2 设置在防火墙、防火隔墙上的防火窗，应采用不可开启的窗扇或具有火灾时能自行关闭的功能。

防火窗应符合现行国家标准《防火窗》GB 16809 的有关规定。

【条文释义】 防火窗应符合的要求如图 6-97 所示。

图 6-97 防火窗应符合的要求示意

注 :1. 防火窗一般设置在防火间距不足的建筑外墙上的开口或天窗、建筑内的防火隔墙上需要观察等部位以及需要防止火灾竖向蔓延的外墙开口部位。

2. 防火窗应符合现行国家标准《防火窗》GB 16809 的有关规定

6.5.3 防火分隔部位设置防火卷帘时，应符合下列规定：

1 除中庭外，当防火分隔部位的宽度不大于 30m 时，防火卷帘的宽度不应大于 10m；当防火分隔部位的宽度大于 30m 时，防火卷帘的宽度不应大于该部位宽度的 1/3，且不应大于 20m。

2 防火卷帘应具有火灾时靠自重自动关闭功能。

3 除本规范另有规定外，防火卷帘的耐火极限不应低于本规范对所设置部位墙体的耐火极限要求。

【条文释义】 除本规范另有规定外，防火卷帘的耐火极限要求如图 6-98 所示。

图 6-98 防火卷帘的耐火极限要求示意

当防火卷帘的耐火极限符合现行国家标准《门和卷帘的耐火试验方法》GB/T 7633 有关耐火完整性和耐火隔热性的判定条件时，可不设置自动喷水灭火系统保护。

【条文释义】 当防火卷帘的耐火极限符合现行国家标准《门和卷帘的耐火试验方法》（GB/T 7633）有关耐火完整性和耐火隔热性的判定条件时，可不设置自动喷水灭火系统保护，如图 6-99 所示。

图 6-99　有隔热层的防火卷帘示意图

当防火卷帘的耐火极限仅符合现行国家标准《门和卷帘的耐火试验方法》GB/T 7633 有关耐火完整性的判定条件时，应设置自动喷水灭火系统保护。自动喷水灭火系统的设计应符合现行国家标准《自动喷水灭火系统设计规范》GB 50084 的规定，但火灾延续时间不应小于该防火卷帘的耐火极限。

【条文释义】 当防火卷帘的耐火极限仅符合现行国家标准，应设置自动喷水灭火系统保护，如图 6-100 所示。

图 6-100　无隔热层的钢制卷帘示意

注：自动喷水灭火系统的设计应符合现行国家标准《自动喷水灭火系统设计规范》
（GB 50084）的有关规定，但其火灾延续时间不应小于 3.0h

4 防火卷帘应具有防烟性能，与楼板、梁、墙、柱之间的空隙应采用防火封堵材料封堵。

【条文释义】 防火卷帘应具有的性能如图 6-101 所示。

图 6-101　防火卷帘应具有的性能示意图

注：防火卷帘应具有防烟性能，与楼板、梁、墙、柱之间的空隙应采用防火封堵材料封堵

5 需在火灾时自动降落的防火卷帘，应具有信号反馈的功能。
6 其他要求，应符合现行国家标准《防火卷帘》GB 14102 的规定。

6.6　天桥、栈桥和管沟

6.6.1 天桥、跨越房屋的栈桥以及供输送可燃材料、可燃气体和甲、乙、丙类液体的栈桥，均应采用不燃材料。

【条文释义】 天桥、跨越房屋的栈桥以及供输送可燃材料、可燃气体和甲、乙、丙类液体的栈桥的设置如图 6-102 所示。

(a) 天桥

图 6-102

(b) 跨跃房屋的栈桥

(c) 供输送可燃材料、可燃气体和甲、乙、丙类液体的栈桥

图 6-102　天桥、跨越房屋的栈桥以及供输送可燃材料、可燃气体和甲、乙、丙类液体的栈桥的设置示意

6.6.2 输送有火灾、爆炸危险物质的栈桥不应兼作疏散通道。

6.6.3 封闭天桥、栈桥与建筑物连接处的门洞以及敷设甲、乙、丙类液体管道的封闭管沟（廊），均宜采取防止火灾蔓延的措施。

【条文释义】　输送有火灾、爆炸危险物质的栈桥和甲、乙、丙类液体管道的封闭管沟（廊）及防止火灾蔓延的措施如图 6-103 ～图 6-105 所示。

图 6-103　输送有火灾、爆炸危险物质的栈桥示意

图 6-104　封闭天桥、栈桥与建筑物连接处的门洞以及敷设甲、乙、
丙类液体管道的封闭管沟（廊）示意

图 6-105　封闭天桥、栈桥与建筑物连接处的门洞以及敷设
甲、乙、丙类液体管道的封闭管沟（廊）剖面示意

6.6.4　连接两座建筑物的天桥、连廊，应采取防止火灾在两座建筑间蔓延的措施。当仅供通行的天桥、连廊采用不燃材料，且建筑物通向天桥、连廊的出口符合安全出口的要求时，该出口可作为安全出口。

【条文释义】　连接两座建筑物的天桥、连廊如图 6-106 所示。

(a) 实物图

图 6-106

(b) 平面图

图 6-106　连接两座建筑物的天桥、连廊示意

6.7　建筑保温和外墙装饰

6.7.1　建筑的内、外保温系统，宜采用燃烧性能为 A 级的保温材料，不宜采用 B$_2$ 级保温材料，严禁采用 B$_3$ 级保温材料；设置保温系统的基层墙体或屋面板的耐火极限应符合本规范的有关规定。

6.7.2　建筑外墙采用内保温系统时，保温系统应符合下列规定：

　　1　对于人员密集场所，用火、燃油、燃气等具有火灾危险性的场所以及各类建筑内的疏散楼梯间、避难走道、避难间、避难层等场所或部位，应采用燃烧性能为 A 级的保温材料。

　　2　对于其他场所，应采用低烟、低毒且燃烧性能不低于 B$_1$ 级的保温材料。

　　3　保温系统应采用不燃材料做防护层。采用燃烧性能为 B$_1$ 级的保温材料时，防护层的厚度不应小于 10mm。

【条文释义】　保温系统的构造如图 6-107 和图 6-108 所示。

图 6-107　保温系统的构造示意（1）

图 6-108　保温系统的构造示意（2）

6.7.3　建筑外墙采用保温材料与两侧墙体构成无空腔复合保温结构体时，该结构体的耐火极限应符合本规范的有关规定；当保温材料的燃烧性能为 B$_1$、B$_2$ 级时，保温材料两侧的墙体应采用不燃材料且厚度均不应小于 50mm。

6.7.4　设置人员密集场所的建筑，其外墙外保温材料的燃烧性能应为 A 级。

6.7.4A 除本规范第 6.7.3 条规定的情况外，下列老年人照料设施的内、外墙体和屋面保温材料应采用燃烧性能为 A 级的保温材料：

　　1　独立建造的老年人照料设施；

【条文释义】　独立建造的老年人照料设施如图 6-109 所示。

图 6-109　独立建造的老年人照料设施示意

　　2　与其他建筑组合建造且老年人照料设施部分的总建筑面积大于 500m² 的老年人照料设施。

【条文释义】　与其他建筑组合建造且老年人照料设施部分的总建筑面积大于 500m² 的老年人照料设施如图 6-110 所示。

图 6-110　与其他建筑组合建造且老年人照料设施部分的总
建筑面积大于 500m² 的老年人照料设施示意

6.7.5 与基层墙体、装饰层之间无空腔的建筑外墙外保温系统，其保温材料应符合下列规定：

    1 住宅建筑：

    1）建筑高度大于 100m 时，保温材料的燃烧性能应为 A 级；

    2）建筑高度大于 27m，但不大于 100m 时，保温材料的燃烧性能不应低于 B_1 级；

    3）建筑高度不大于 27m 时，保温材料的燃烧性能不应低于 B_2 级。

    2 除住宅建筑和设置人员密集场所的建筑外，其他建筑：

    1）建筑高度大于 50m 时，保温材料的燃烧性能应为 A 级；

    2）建筑高度大于 24m，但不大于 50m 时，保温材料的燃烧性能不应低于 B_1 级；

    3）建筑高度不大于 24m 时，保温材料的燃烧性能不应低于 B_2 级。

6.7.6 除设置人员密集场所的建筑外，与基层墙体、装饰层之间有空腔的建筑外墙外保温系统，其保温材料应符合下列规定：

    1 建筑高度大于 24m 时，保温材料的燃烧性能应为 A 级；

    2 建筑高度不大于 24m 时，保温材料的燃烧性能不应低于 B_1 级。

6.7.7 除本规范第 6.7.3 条规定的情况外，当建筑的外墙外保温系统按本节规定采用燃烧性能为 B_1、B_2 级的保温材料时，应符合下列规定：

    1 除采用 B_1 级保温材料且建筑高度不大于 24m 的公共建筑或采用 B_1 级保温材料且建筑高度不大于 27m 的住宅建筑外，建筑外墙上门、窗的耐火完整性不应低于 0.50h。

    2 应在保温系统中每层设置水平防火隔离带。防火隔离带应采用燃烧性能为 A 级的材料，防火隔离带的高度不应小于 300mm。

6.7.8 建筑的外墙外保温系统应采用不燃材料在其表面设置防护层，防护层应将保温材料完全包覆。除本规范第 6.7.3 条规定的情况外，当按本节规定采用 B_1、B_2 级保温材料时，防护层厚度首层不应小于 15mm，其他层不应小于 5mm。

6.7.9 建筑外墙外保温系统与基层墙体、装饰层之间的空腔，应在每层楼板处采用防火封堵材料封堵。

6.7.10 建筑的屋面外保温系统，当屋面板的耐火极限不低于 1.00h 时，保温材料的燃烧性能不应低于 B_2 级；当屋面板的耐火极限低于 1.00h 时，不应低于 B_1 级。采用 B_1、B_2 级保温材料的外保温系统应采用不燃材料作防护层，防护层的厚度不应小于 10mm。

    当建筑的屋面和外墙外保温系统均采用 B_1、B_2 级保温材料时，屋面与外墙之间应采用宽度不小于 500mm 的不燃材料设置防火隔离带进行分隔。

6.7.11 电气线路不应穿越或敷设在燃烧性能为 B_1 或 B_2 级的保温材料中；确需穿越或敷设时，应采取穿金属管并在金属管周围采用不燃隔热材料进行防火隔离等防火保护措施。设置开关、插座等电器配件的部位周围应采取不燃隔热材料进行防火隔离等防火保护措施。

6.7.12 建筑外墙的装饰层应采用燃烧性能为 A 级的材料，但建筑高度不大于 50m 时，可采用 B_1 级材料。

7 灭火救援设施

7.1 消 防 车 道

7.1.1 街区内的道路应考虑消防车的通行，道路中心线间的距离不宜大于 160m。

【条文释义】 街区内的道路中心线间的距离设置如图 7-1 所示。

图 7-1 街区内的道路中心线间的距离设置示意

当建筑物沿街道部分的长度大于 150m 或总长度大于 220m 时，应设置穿过建筑物的消防车道。确有困难时，应设置环形消防车道。

【条文释义】 穿过建筑物的消防车道和环形消防车道如图 7-2 和图 7-3 所示。

图 7-2 穿过建筑物的消防车道示意
注：$a > 150m$（长条形建筑物）；$a+b > 220m$
（L 形建筑物）；$a+b+c > 220m$（U 形建筑物）

图 7-3 环形消防车道示意
注：$a > 150m$（长条形建筑物）；$a+b > 220m$
（L 形建筑物）；$a+b+c > 220m$（U 形建筑物）

7.1.2 高层民用建筑，超过 3000 个座位的体育馆，超过 2000 个座位的会堂，占地面积大于 3000m² 的商店建筑、展览建筑等单、多层公共建筑应设置环形消防车道，确有困难时，可沿建筑的两个长边设置消防车道；对于高层住宅建筑和山坡地或河道边临空建造的高层民用建筑，可沿建筑的一个长边设置消防车道，但该长边所在建筑立面应为消防车登高操作面。

【条文释义】 高层民用建筑，超过 3000 个座位的体育馆，超过 2000 个座位的会堂，占地面积大于 3000m² 的商店建筑、展览建筑等单、多层公共建筑应设置环形消防车道，确有困难时，可沿建筑的两个长边设置消防车道，如图 7-4 和图 7-5 所示。

图 7-4 应设置环形消防车道的建筑示意

图 7-5 当设置环形消防车道有困难时，可沿该建筑的两
个长边设置消防车道的建筑示意

7.1.3 工厂、仓库区内应设置消防车道。

高层厂房，占地面积大于 3000m² 的甲、乙、丙类厂房和占地面积大于 1500m² 的乙、丙类仓库，应设置环形消防车道，确有困难时，应沿建筑物的两个长边设置消防车道。

【条文释义】 工厂、仓库区内应设置消防车道，如图 7-6 所示。

图 7-6　工厂、仓库区内设置消防车道的要求示意

7.1.4　有封闭内院或天井的建筑物，当内院或天井的短边长度大于 24m 时，宜设置进入内院或天井的消防车道；当该建筑物沿街时，应设置连通街道和内院的人行通道（可利用楼梯间），其间距不宜大于 80m。

【条文释义】　有封闭内院或天井的建筑物设置消防车道的规定如图 7-7 和图 7-8 所示。

图 7-7　内院或天井的短边长度大于 24m 的建筑物示意

图 7-8　沿街建筑物消防车道的设置示意

7.1.5　在穿过建筑物或进入建筑物内院的消防车道两侧，不应设置影响消防车通行或人员安全疏散的设施。

【条文释义】　影响消防车通行或人员安全疏散的设施如图 7-9 所示。

图 7-9　影响消防车通行或人员安全疏散的设施示意

7.1.6　可燃材料露天堆场区，液化石油气储罐区，甲、乙、丙类液体储罐区和可燃气体储罐区，应设置消防车道。消防车道的设置应符合下列规定：

　　1　储量大于表 7.1.6 规定的堆场、储罐区，宜设置环形消防车道。

表 7.1.6　堆场或储罐区的储量

名称	棉、麻、毛、化纤（t）	秸秆、芦苇（t）	木材（m³）	甲、乙、丙类液体储罐（m³）	液化石油气储罐（m³）	可燃气体储罐（m³）
储量	1000	5000	5000	1500	500	30000

【条文释义】　储量大于表 7.1.6 规定的堆场、储罐区的消防车道的设置如图 7-10 所示。

储量＞1000t 的棉、麻、毛、化纤露天堆场区　　储量＞500m³ 的液化石油气储罐区
储量＞5000t 的秸秆、芦苇露天堆场区　　　　储量＞1500m³ 的甲、乙、丙类液体储罐区
储量＞5000t 的木材露天堆场区　　　　　　　储量＞30000m³ 的可燃气体堆场储罐区

图 7-10　储量大于表 7.1.6 规定的堆场、储罐区的消防车道的设置示意

　　2　占地面积大于 30000m² 的可燃材料堆场，应设置与环形消防车道相通的中间消防车道，消防车道的间距不宜大于 150m。液化石油气储罐区，甲、乙、丙类液体储罐区和可燃气体储罐区内的环形消防车道之间宜设置连通的消防车道。

【条文释义】 占地面积大于30000m²的可燃材料堆场设置消防通道的规定如图7-11所示。

图 7-11　占地面积大于 30000m² 的可燃材料堆场设置消防通道的规定示意

3 消防车道的边缘距离可燃材料堆垛不应小于5m。

【条文释义】 消防车道边缘和可燃材料堆垛的距离如图 7-12 所示。

图 7-12　消防车道与可燃材料堆垛的距离示意

7.1.7 供消防车取水的天然水源和消防水池应设置消防车道。消防车道的边缘距离取水点不宜大于 2m。

【条文释义】 供消防车取水的天然水源和消防水池设置消防车道的规定如图 7-13 所示。

图 7-13　供消防车取水的天然水源和消防水池设置消防车道的规定示意

7.1.8 消防车道应符合下列要求：

    1 车道的净宽度和净空高度均不应小于 4.0m；

    2 转弯半径应满足消防车转弯的要求；

    3 消防车道与建筑之间不应设置妨碍消防车操作的树木、架空管线等障碍物；

    4 消防车道靠建筑外墙一侧的边缘距离建筑外墙不宜小于 5m；

    5 消防车道的坡度不宜大于 8%。

【条文释义】 消防车道应符合的要求如图 7-14 ～图 7-16 所示。

图 7-14　车道的净宽度和净空高度的要求示意

图 7-15　消防车道和建筑之间的设置要求示意

图 7-16　高层建筑或大型公共建筑和消防车道设置要求示意

7.1.9 环形消防车道至少应有两处与其他车道连通。尽头式消防车道应设置回车道或回车场，回车场的面积不应小于 12m×12m；对于高层建筑，不宜小于 15m×15m；供重型消防车使用时，不宜小于 18m×18m。

【条文释义】 尽头式消防车道应设置回车道或回车场，回车场的面积如图 7-17 所示。

图 7-17 尽头式消防车道和回车场示意

消防车道的路面、救援操作场地、消防车道和救援操作场地下面的管道和暗沟等，应能承受重型消防车的压力。

【条文释义】 对消防车道的路面、救援操作场地、消防车道和救援操作场地下面的管道和暗沟的要求如图 7-18 所示。

图 7-18 消防车道的路面、救援操作场地、消防车道和救援操作场地示意

消防车道可利用城乡、厂区道路等，但该道路应满足消防车通行、转弯和停靠的要求。

【条文释义】 消防车道可利用城乡、厂区道路等，但该道路应满足消防车通行、转弯和停靠的要求，如图 7-19 所示。

图 7-19 消防车道示意

注：利用交通道路作消防通道时：
1. 应满足消防车的道路净宽和净空高度均≥4m 的要求；
2. 应满足消防车停靠时，其他车辆与消防车错车的路宽要求

7.1.10 消防车道不宜与铁路正线平交，确需平交时，应设置备用车道，且两车道的间距不应小于一列火车的长度。

【条文释义】 消防车道和铁路平交时的设置如图 7-20 所示。

图 7-20 消防车道和铁路布置示意

注：一列火车的长度，可参考下列数据：
1. 一列火车车厢的长度约为 27～28m，客车约为 18 节，货车可达 40 节；
2. 大秦线等主要干线的车站到发线长度约为 1000m；
3. 一般车站到发线长度，客车约 850m，山区到发线长度约为 650m

7.2 救援场地和入口

7.2.1 高层建筑应至少沿一个长边或周边长度的 1/4 且不小于一个长边长度的底边连续布置消防车登高操作场地，该范围内的裙房进深不应大于 4m。

　　建筑高度不大于 50m 的建筑，连续布置消防车登高操作场地确有困难时，可间隔布置，但间隔距离不宜大于 30m，且消防车登高操作场地的总长度仍应符合上述规定。

【条文释义】 在高层建筑底边布置消防车登高操作场地的要求如图 7-21 所示。

(a)

图 7-21 在高层建筑底边布置消防车登高操作场地的要求示意

a—高层建筑底边的一个边长；$b+c$—周边长度的 1/4，且 $b+c \geqslant a$

【条文释义】 消防车登高操作场地应符合的规定如图 7-22 所示。

图 7-22 消防车登高操作场地应符合的规定示意

注：1. 建筑高度 > 50m 时，消防车登高操作场地的长度按括号内数字。

2. 建筑高度 ≤ 50m 且连续布置消防车登高操作场地却又有困难时，可间隔布置，相关要求见第 7.2.1

7.2.3 建筑物与消防车登高操作场地相对应的范围内，应设置直通室外的楼梯或直通楼梯间的入口。

【条文释义】 建筑物与消防车登高操作场地相对应的范围内，应设置直通室外的楼梯或直通楼梯间的入口，如图 7-23 所示。

图 7-23　建筑物与消防车登高操作场地示意

7.2.4 厂房、仓库、公共建筑的外墙应在每层的适当位置设置可供消防救援人员进入的窗口。

7.2.5 供消防救援人员进入的窗口的净高度和净宽度均不应小于 1.0m，下沿距室内地面不宜大于 1.2m，间距不宜大于 20m 且每个防火分区不应少于 2 个，设置位置应与消防车登高操作场地相对应。窗口的玻璃应易于破碎，并应设置可在室外易于识别的明显标志。

【条文释义】 供消防救援人员进入的窗口的要求如图 7-24 所示。

图 7-24　供消防救援人员进入的窗口的要求示意

7.3　消防电梯

7.3.1 下列建筑应设置消防电梯：

　　1　建筑高度大于 33m 的住宅建筑；

　　2　一类高层公共建筑和建筑高度大于 32m 的二类高层公共建筑、5 层及以上且总建筑面积大于 3000m² （包括设置在其他建筑内五层及以上楼层）的老年人照料设施；

　　3　设置消防电梯的建筑的地下或半地下室，埋深大于 10m 且总建筑面积大于 3000m² 的其他地下或半地下建筑（室）。

【条文释义】 5 层及以上且总建筑面积大于 3000m² （包括设置在其他建筑内 5 层及以上楼层）的老年人照料设施如图 7-25 所示。

图 7-25 5 层及以上且总建筑面积大于 3000m² （包括设置在其他建筑内 5 层及以上楼层）的老年人照料设施示意

7.3.2 消防电梯应分别设置在不同防火分区内，且每个防火分区不应少于 1 台。

7.3.3 建筑高度大于 32m 且设置电梯的高层厂房（仓库），每个防火分区内宜设置 1 台消防电梯，但符合下列条件的建筑可不设置消防电梯：

1 建筑高度大于 32m 且设置电梯，任一层工作平台上的人数不超过 2 人的高层塔架；

【条文释义】 建筑高度大于 32m 且设置电梯，任一层工作平台上的人数不超过 2 人的高层塔架如图 7-26 所示。

图 7-26 建筑高度大于 32m 且设置电梯，任一层工作平台上的人数不超过 2 人的高层塔架示意

2 局部建筑高度大于 32m，且局部高出部分的每层建筑面积不大于 50m² 的丁、戊类厂房。

7.3.4 符合消防电梯要求的客梯或货梯可兼作消防电梯。

7.3.5 除设置在仓库连廊、冷库穿堂或谷物筒仓工作塔内的消防电梯外，消防电梯应设置前室，并应符合下列规定：

1 前室宜靠外墙设置，并应在首层直通室外或经过长度不大于 30m 的通道通向室外；

2 前室的使用面积不应小于 6.0m²，前室的短边不应小于 2.4m；与防烟楼梯间合用的前室，其使用面积尚应符合本规范第 5.5.28 条和第 6.4.3 条的规定；

3 除前室的出入口、前室内设置的正压送风口和本规范第 5.5.27 条规定的户门外，前室内不应开设其他门、窗、洞口；

4 前室或合用前室的门应采用乙级防火门，不应设置卷帘。

7.3.6 消防电梯井、机房与相邻电梯井、机房之间应设置耐火极限不低于 2.00h 的防火隔墙，隔墙上的门应采用甲级防火门。

【条文释义】 消防电梯井、机房与相邻电梯井、机房设置防火隔墙如图 7-27 所示。

图 7-27 消防电梯井、机房与相邻电梯井、机房设置防火隔墙示意

7.3.7 消防电梯的井底应设置排水设施，排水井的容量不应小于 2m³，排水泵的排水量不应小于 10L/s。消防电梯间前室的门口宜设置挡水设施。

【条文释义】 消防电梯的井底设置的排水设施如图 7-28 所示。

图 7-28 消防电梯的井底设置的排水设施示意

7.3.8 消防电梯应符合下列规定：

1 应能每层停靠；

2　电梯的载重量不应小于 800kg；

3　电梯从首层至顶层的运行时间不宜大于 60s；

4　电梯的动力与控制电缆、电线、控制面板应采取防水措施；

5　在首层的消防电梯入口处应设置供消防队员专用的操作按钮；

6　电梯轿厢的内部装修应采用不燃材料；

7　电梯轿厢内部应设置专用消防对讲电话。

【条文释义】　消防电梯应符合的要求如图 7-29 所示。

图 7-29　消防电梯应符合的要求示意

7.4　直升机停机坪

7.4.1　建筑高度大于 100m 且标准层建筑面积大于 2000m² 的公共建筑，宜在屋顶设置直升机停机坪或供直升机救助的设施。

7.4.2　直升机停机坪应符合下列规定：

1　设置在屋顶平台上时，距离设备机房、电梯机房、水箱间、共用天线等突出物不应小于 5m；

2　建筑通向停机坪的出口不应少于 2 个，每个出口的宽度不宜小于 0.90m；

3　四周应设置航空障碍灯，并应设置应急照明；

4　在停机坪的适当位置应设置消火栓；

5　其他要求应符合国家现行航空管理有关标准的规定。

8 消防设施的设置

8.1 一般规定

8.1.1 消防给水和消防设施的设置应根据建筑的用途及其重要性、火灾危险性、火灾特性和环境条件等因素综合确定。

8.1.2 城镇（包括居住区、商业区、开发区、工业区等）应沿可通行消防车的街道设置市政消火栓系统。

　　民用建筑、厂房、仓库、储罐（区）和堆场周围应设置室外消火栓系统。

　　用于消防救援和消防车停靠的屋面上，应设置室外消火栓系统。

　　注：耐火等级不低于二级且建筑体积不大于3000m³的戊类厂房，居住区人数不超过500人且建筑层数不超过两层的居住区，可不设置室外消火栓系统。

【条文释义】 民用建筑、厂房、仓库、储罐（区）和堆场周围应设置的室外消火栓系统如图8-1所示。

图8-1 民用建筑、厂房、仓库、储罐（区）和堆场周围应设置的室外消火栓系统示意

8.1.3 自动喷水灭火系统、水喷雾灭火系统、泡沫灭火系统和固定消防炮灭火系统等系统以及下列建筑的室内消火栓给水系统应设置消防水泵接合器：

　　1　超过5层的公共建筑；

　　2　超过4层的厂房或仓库；

3　其他高层建筑；

　　4　超过 2 层或建筑面积大于 10000m² 的地下建筑（室）。

8.1.4　甲、乙、丙类液体储罐（区）内的储罐应设置移动水枪或固定水冷却设施。高度大于 15m 或单罐容积大于 2000m³ 的甲、乙、丙类液体地上储罐，宜采用固定水冷却设施。

8.1.5　总容积大于 50m³ 或单罐容积大于 20m³ 的液化石油气储罐（区）应设置固定水冷却设施，埋地的液化石油气储罐可不设置固定喷水冷却装置。总容积不大于 50m³ 或单罐容积不大于 20m³ 的液化石油气储罐（区），应设置移动式水枪。

8.1.6　消防水泵房的设置应符合下列规定：

　　1　单独建造的消防水泵房，其耐火等级不应低于二级；

【条文释义】　单独建造的消防水泵房，其耐火等级如图 8-2 所示。

　　2　附设在建筑内的消防水泵房，不应设置在地下三层及以下或室内地面与室外出入口地坪高差大于 10m 的地下楼层；

【条文释义】　附设在建筑内的消防水泵房的要求如图 8-3 所示。

图 8-2　单独建造的消防水泵房的耐火等级示意

图 8-3　附设在建筑内的消防水泵房的要求示意

　　3　疏散门应直通室外或安全出口。

【条文释义】　疏散门应直通室外或安全出口，如图 8-4 所示。

(a) 疏散门直通室外

(b) 疏散门直通安全出口

图 8-4　疏散门应直通室外或安全出口示意

8.1.7　设置火灾自动报警系统和需要联动控制的消防设备的建筑（群）应设置消防控制室。消防控制室的设置应符合下列规定：

　　1　单独建造的消防控制室，其耐火等级不应低于二级；

【条文释义】 单独建造的消防控制室,其耐火等级如图 8-5 所示。

图 8-5　单独建造的消防控制室的耐火等级示意

2　附设在建筑内的消防控制室,宜设置在建筑内首层或地下一层,并宜布置在靠外墙部位;

3　不应设置在电磁场干扰较强及其他可能影响消防控制设备正常工作的房间附近;

4　疏散门应直通室外或安全出口。

【条文释义】 附设在建筑内的消防控制室如图 8-6 和图 8-7 所示。

图 8-6　附设在建筑内的消防控制室首层平面示意　　图 8-7　附设在建筑内的消防控制室地下一层平面示意

5　消防控制室内的设备构成及其对建筑消防设施的控制与显示功能以及向远程监控系统传输相关信息的功能,应符合现行国家标准《火灾自动报警系统设计规范》GB 50116 和《消防控制室通用技术要求》GB 25506 的规定。

8.1.8　消防水泵房和消防控制室应采取防水淹的技术措施。

【条文释义】 消防水泵房和消防控制室应采取防水淹的技术措施,如图 8-8 和图 8-9 所示。

图 8-8　设在建筑首层的消防水泵或消防控制室示意　　图 8-9　设在建筑地下的消防水泵或消防控制室示意

8.1.9 设置在建筑内的防排烟风机应设置在不同的专用机房内,有关防火分隔措施应符合本规范第 6.2.7 条的规定。

8.1.10 高层住宅建筑的公共部位和公共建筑内应设置灭火器,其他住宅建筑的公共部位宜设置灭火器。

厂房、仓库、储罐(区)和堆场,应设置灭火器。

8.1.11 建筑外墙设置有玻璃幕墙或采用火灾时可能脱落的墙体装饰材料或构造时,供灭火救援用的水泵接合器、室外消火栓等室外消防设施,应设置在距离建筑外墙相对安全的位置或采取安全防护措施。

8.1.12 设置在建筑室内外供人员操作或使用的消防设施,均应设置区别于环境的明显标志。

【条文释义】 区别于环境的消防设施标志如图 8-10 所示。

图 8-10 消防设施标志示意图

8.1.13 有关消防系统及设施的设计,应符合现行国家标准《消防给水及消火栓系统技术规范》GB 50974、《自动喷水灭火系统设计规范》GB 50084、《火灾自动报警系统设计规范》GB 50116 等标准的规定。

8.2 室内消火栓系统

8.2.1 下列建筑或场所应设置室内消火栓系统:

1 建筑占地面积大于 300m² 的厂房和仓库;

2 高层公共建筑和建筑高度大于 21m 的住宅建筑;

注:建筑高度不大于 27m 的住宅建筑,设置室内消火栓系统确有困难时,可只设置干式消防竖管和不带消火栓箱的 DN65 的室内消火栓。

3 体积大于 5000m³ 的车站、码头、机场的候车(船、机)建筑、展览建筑、商店建筑、旅馆建筑、医疗建筑、老年人照料设施和图书馆建筑等单、多层建筑;

4 特等、甲等剧场,超过 800 个座位的其他等级的剧场和电影院等以及超过 1200 个座位的礼堂、体育馆等单、多层建筑;

5 建筑高度大 15m 或体积大于 10000m³ 的办公建筑、教学建筑和其他单、多层民用建筑。

8.2.2 本规范第 8.2.1 条未规定的建筑或场所和符合本规范第 8.2.1 条规定的下列建筑或场所，可不设置室内消火栓系统，但宜设置消防软管卷盘或轻便消防水龙：

1 耐火等级为一、二级且可燃物较少的单、多层丁、戊类厂房（仓库）。

2 耐火等级为三、四级且建筑体积不大于 3000m³ 的丁类厂房；耐火等级为三、四级且建筑体积不大于 5000m³ 的戊类厂房（仓库）。

3 粮食仓库、金库、远离城镇且无人值班的独立建筑。

4 存有与水接触能引起燃烧爆炸的物品的建筑。

5 室内无生产、生活给水管道，室外消防用水取自储水池且建筑体积不大于 5000m³ 的其他建筑。

8.2.3 国家级文物保护单位的重点砖木或木结构的古建筑，宜设置室内消火栓系统。

8.2.4 人员密集的公共建筑、建筑高度大于 100m 的建筑和建筑面积大于 200m² 的商业服务网点内应设置消防软管卷盘或轻便消防水龙。高层住宅建筑的户内宜配置轻便消防水龙。

老年人照料设施内应设置与室内供水系统直接连接的消防软管卷盘，消防软管卷盘的设置间距不应大于 30.0m。

8.3 自动灭火系统

8.3.1 除本规范另有规定和不宜用水保护或灭火的场所外，下列厂房或生产部位应设置自动灭火系统，并宜采用自动喷水灭火系统：

1 不小于 50000 纱锭的棉纺厂的开包、清花车间，不小于 5000 锭的麻纺厂的分级、梳麻车间，火柴厂的烤梗、筛选部位；

2 占地面积大于 1500m² 或总建筑面积大于 3000m² 的单、多层制鞋、制衣、玩具及电子等类似生产的厂房；

3 占地面积大于 1500m² 的木器厂房；

4 泡沫塑料厂的预发、成型、切片、压花部位；

5 高层乙、丙类厂房；

6 建筑面积大于 500m² 的地下或半地下丙类厂房。

8.3.2 除本规范另有规定和不宜用水保护或灭火的仓库外，下列仓库应设置自动灭火系统，并宜采用自动喷水灭火系统：

1 每座占地面积大于 1000m² 的棉、毛、丝、麻、化纤、毛皮及其制品的仓库；

注：单层占地面积不大于 2000m² 的棉花库房，可不设置自动喷水灭火系统。

2 每座占地面积大于 600m² 的火柴仓库；

3 邮政建筑内建筑面积大于 500m² 的空邮袋库；

4 可燃、难燃物品的高架仓库和高层仓库；

5 设计温度高于 0℃ 的高架冷库，设计温度高于 0℃ 且每个防火分区建筑面积大于 1500m² 的非高架冷库；

【条文释义】 设计温度高于 0℃ 的高架冷库，设计温度高于 0℃ 且每个防火分区建筑面积大于 1500m² 的非高架冷库的防火墙设置如图 8-11 所示。

图 8-11　设计温度高于 0℃的高架冷库，设计温度高于 0℃且每个防火分区建筑
面积大于 1500m² 的非高架冷库的防火墙设置示意

　　6　总建筑面积大于 500m² 的可燃物品地下仓库；

　　7　每座占地面积大于 1500m² 或总建筑面积大于 3000m² 的其他单层或多层丙类物品仓库。

8.3.3　除本规范另有规定和不宜用水保护或灭火的场所外，下列高层民用建筑或场所应设置自动灭火系统，并宜采用自动喷水灭火系统：

　　1　一类高层公共建筑（除游泳池、溜冰场外）及其地下、半地下室；

　　2　二类高层公共建筑及其地下、半地下室的公共活动用房、走道、办公室和旅馆的客房、可燃物品库房、自动扶梯底部；

　　3　高层民用建筑内的歌舞娱乐放映游艺场所；

　　4　建筑高度大于 100m 的住宅建筑。

8.3.4　除本规范另有规定和不适用水保护或灭火的场所外，下列单、多层民用建筑或场所应设置自动灭火系统，并宜采用自动喷水灭火系统：

　　1　特等、甲等剧场，超过 1500 个座位的其他等级的剧场，超过 2000 个座位的会堂或礼堂，超过 3000 个座位的体育馆，超过 5000 人的体育场的室内人员休息室与器材间等；

　　2　任一层建筑面积大于 1500m² 或总建筑面积大于 3000m² 的展览、商店、餐饮和旅馆建筑以及医院中同样建筑规模的病房楼、门诊楼和手术部；

　　3　设置送回风道（管）的集中空气调节系统且总建筑面积大于 3000m² 的办公建筑等；

　　4　藏书量超过 50 万册的图书馆；

　　5　大、中型幼儿园，老年人照料设施；

【条文释义】　大、中型幼儿园，老年人照料设施如图 8-12 和图 8-13 所示。

图 8-12　大、中型幼儿园示意图

图 8-13　老年人照料设施示意

6 总建筑面积大于 500m² 的地下或半地下商店；

7 设置在地下或半地下或地上四层及以上楼层的歌舞娱乐放映游艺场所（除游泳场所外），设置在首层、二层和三层且任一层建筑面积大于 300m² 的地上歌舞娱乐放映游艺场所（除游泳场外）。

【条文释义】 歌舞娱乐放映游艺场所如图 8-14 所示。

8.3.5 根据本规范要求难以设置自动喷水灭火系统的展览厅、观众厅等人员密集的场所和丙类生产车间、库房等高大空间场所，应设置其他自动灭火系统，并宜采用固定消防炮等灭火系统。

【条文释义】 展览厅、观众厅等人员密集的场所和丙类生产车间、库房等高大空间场所灭火系统的设置如图 8-15 所示。

图 8-14 歌舞娱乐放映游艺场所示意

图 8-15 展览厅、观众厅等人员密集的场所和丙类生产车间、库房等高大空间场所灭火系统的设置示意

8.3.6 下列部位宜设置水幕系统：

1 特等、甲等剧场、超过 1500 个座位的其他等级的剧场、超过 2000 个座位的会堂或礼堂和高层民用建筑内超过 800 个座位的剧场或礼堂的舞台口及上述场所内与舞台相连的侧台、后台的洞口；

【条文释义】 特等、甲等剧场、超过 1500 个座位的其他等级的剧场、超过 2000 个座位的会堂或礼堂和高层民用建筑内超过 800 个座位的剧场或礼堂的舞台口及上述场所内与舞台相连的侧台、后台的洞口如图 8-16 和图 8-17 所示。

图 8-16 与舞台相连接的后台洞口示意

图 8-17　与舞台相连的侧台、后台的洞口示意

> **2** 应设置防火墙等防火分隔物而无法设置的局部开口部位；

【条文释义】 应设置防火墙等防火分隔物而无法设置的局部开口部位如图 8-18 所示。

> **3** 需要防护冷却的防火卷帘或防火幕的上部；

【条文释义】 需要防护冷却的防火卷帘或防火幕的上部如图 8-19 所示。

图 8-18　应设置防火墙等防火分隔物
而无法设置的局部开口部位示意

图 8-19　需要防护冷却的防火卷帘
或防火幕的上部示意

> 注：舞台口也可采用防火幕进行分隔，侧台、后台的较小洞口宜设置乙级防火门、窗。

8.3.7 下列建筑或部位应设置雨淋自动喷水灭火系统：

　　1 火柴厂的氯酸钾压碾厂房，建筑面积大于 100m² 且生产或使用硝化棉、喷漆棉、火胶棉、赛璐珞胶片、硝化纤维的厂房；

　　2 乒乓球厂的轧坯、切片、磨球、分球检验部位；

　　3 建筑面积大于 60m² 或储存量大于 2t 的硝化棉、喷漆棉、火胶棉、赛璐珞胶片、硝化纤维的仓库；

　　4 日装瓶数量大于 3000 瓶的液化石油气储配站的灌瓶间、实瓶库；

　　5 特等、甲等剧场、超过 1500 个座位的其他等级剧场和超过 2000 个座位的会堂或礼堂的舞台葡萄架下部；

6 建筑面积不小于 400m² 的演播室，建筑面积不小于 500m² 的电影摄影棚。

【条文释义】 建筑面积不小于 400m² 的演播室，建筑面积不小于 500m² 的电影摄影棚如图 8-20 所示。

图 8-20 建筑面积不小于 400m² 的演播室，建筑面积不小于 500m² 的电影摄影棚示意

8.3.8 下列场所应设置自动灭火系统，并宜采用水喷雾灭火系统：

1 单台容量在 40MV·A 及以上的厂矿企业油浸变压器，单台容量在 90MV·A 及以上的电厂油浸变压器，单台容量在 125MV·A 及以上的独立变电站油浸变压器；

2 飞机发动机试验台的试车部位；

3 充可燃油并设置在高层民用建筑内的高压电容器和多油开关室。

注：设置在室内的油浸变压器、充可燃油的高压电容器和多油开关室，可采用细水雾灭火系统。

8.3.9 下列场所应设置自动灭火系统，并宜采用气体灭火系统：

1 国家、省级或人口超过 100 万的城市广播电视发射塔内的微波机房、分米波机房、米波机房、变配电室和不间断电源（UPS）室；

【条文释义】 国家、省级或人口超过100万的城市广播电视发射塔内的微波机房、分米波机房、米波机房、变配电室和不间断电源（UPS）室如图 8-21 所示。

图 8-21　微波机房、分米波机房、米波机房、变配电室和不间断电源（UPS）室示意

　　2　国际电信局、大区中心、省中心和一万路以上的地区中心内的长途程控交换机房、控制室和信令转接点室；
　　3　两万线以上的市话汇接局和六万门以上的市话端局内的程控交换机房、控制室和信令转接点室；

【条文释义】 两万线以上的市话汇接局和六万门以上的市话端局内的程控交换机房、控制室和信令转接点室如图 8-22 所示。

图 8-22　市话汇接局和市话端局内的程控交换机房、控制室和信令转接点室示意

【条文释义】 中央及省级公安、防灾和网局级及以上的电力等调度指挥中心内的通信机房和控制室如图 8-23 所示。

图 8-23   中央及省级公安、防灾和网局级及以上的电力等调度指挥中心内的通信机房和控制室示意

5   A、B 级电子信息系统机房内的主机房和基本工作间的已记录磁（纸）介质库；
6   中央和省级广播电视中心内建筑面积不小于 120m² 的音像制品库房；
7   国家、省级或藏书量超过 100 万册的图书馆内的特藏库；中央和省级档案馆内的珍藏库和非纸质档案库；大、中型博物馆内的珍品库房；一级纸绢质文物的陈列室；

【条文释义】 国家、省级或藏书量超过 100 万册的图书馆内的特藏馆如图 8-24 所示。

图 8-24   国家、省级或藏书量超过 100 万册的图书馆内的特藏馆示意

8   其他特殊重要设备室。
注：1   本条第 1、4、5、8 款规定的部位，可采用细水雾灭火系统。
    2   当有备用主机和备用已记录磁（纸）介质，且设置在不同建筑内或同一建筑内的不同防火分区内时，本条第 5 款规定的部位可采用预作用自动喷水灭火系统。
8.3.10   甲、乙、丙类液体储罐的灭火系统设置应符合下列规定：
1   单罐容量大于 1000m³ 的固定顶罐应设置固定式泡沫灭火系统；

【条文释义】 单罐容量大于1000m³的固定顶罐应设置固定式泡沫灭火系统，如图8-25所示。

图8-25　固定式泡沫灭火系统示意

2　罐壁高度小于7m或容量不大于200m³的储罐可采用移动式泡沫灭火系统；

【条文释义】 罐壁高度小于7m或容量不大于200m³的储罐可采用移动式泡沫灭火系统，如图8-26所示。

图8-26　移动式泡沫灭火系统示意

3　其他储罐宜采用半固定式泡沫灭火系统；

【条文释义】 半固定式泡沫灭火系统如图8-27所示。

图8-27　半固定式泡沫灭火系统示意

4　石油库、石油化工、石油天然气工程中甲、乙、丙类液体储罐的灭火系统设置，应符合现行国家标准《石油库设计规范》GB 50074等标准的规定。
8.3.11　餐厅建筑面积大于1000m²的餐馆或食堂，其烹饪操作间的排油烟罩及烹饪部位应设置自动灭火装置，并应在燃气或燃油管道上设置与自动灭火装置联动的自动切断装置。

食品工业加工场所内有明火作业或高温食用油的食品加工部位宜设置自动灭火装置。

【条文释义】 餐厅建筑面积大于1000m²的餐馆或食堂烹饪操作间和食品工业加工场所内有明火作业或高温食用油的食品加工部位宜设置自动灭火装置，如图8-28所示。

(a) 餐厅建筑面积大于1000m²的餐馆或食堂

(b) 烹饪操作间1—1剖面图

(c) 烹饪操作间的燃气或燃油管道上设置
与自动灭火装置联动的自动切断装置

(d) 食品工业加工场所

图 8-28　食品工业加工场所示意

8.4　火灾自动报警系统

8.4.1　下列建筑或场所应设置火灾自动报警系统：

　　1　任一层建筑面积大于1500m²或总建筑面积大于3000m²的制鞋、制衣、玩具、电子等类似用途的厂房；

　　2　每座占地面积大于1000m²的棉、毛、丝、麻、化纤及其制品的仓库，占地面积大于500m²或总建筑面积大于1000m²的卷烟仓库；

　　3　任一层建筑面积大于1500m²或总建筑面积大于3000m²的商店、展览、财贸金融、客运和货运等类似用途的建筑，总建筑面积大于500m²的地下或半地下商店；

　　4　图书或文物的珍藏库，每座藏书超过50万册的图书馆，重要的档案馆；

　　5　地市级及以上广播电视建筑、邮政建筑、电信建筑，城市或区域性电力、交通和防灾等指挥调度建筑；

　　6　特等、甲等剧场，座位数超过1500个的其他等级的剧场或电影院，座位数超过2000个的会堂或礼堂，座位数超过3000个的体育馆；

7　大、中型幼儿园的儿童用房等场所，老年人照料设施，任一层建筑面积大于1500m²或总建筑面积大于3000m²的疗养院的病房楼、旅馆建筑和其他儿童活动场所，不少于200床位的医院门诊楼、病房楼和手术部等；

8　歌舞娱乐放映游艺场所；

9　净高大于2.6m且可燃物较多的技术夹层，净高大于0.8m且有可燃物的闷顶或吊顶内；

10　电子信息系统的主机房及其控制室、记录介质库，特殊贵重或火灾危险性大的机器、仪表、仪器设备室、贵重物品库房；

11　二类高层公共建筑内建筑面积大于50m²的可燃物品库房和建筑面积大于500m²的营业厅；

12　其他一类高层公共建筑；

13　设置机械排烟、防烟系统、雨淋或预作用自动喷水灭火系统、固定消防水炮灭火系统、气体灭火系统等需与火灾自动报警系统联锁动作的场所或部位。

注：老年人照料设施中的老年人用房及其公共走道，均应设置火灾探测器和声警报装置或消防广播。

8.4.2　建筑高度大于100m的住宅建筑，应设置火灾自动报警系统。

建筑高度大于54m但不大于100m的住宅建筑，其公共部位应设置火灾自动报警系统，套内宜设置火灾探测器。

【条文释义】　建筑高度大于54m但不大于100m的住宅建筑的火灾自动报警系统如图8-29所示。

建筑高度不大于54m的高层住宅建筑，其公共部位宜设置火灾自动报警系统。当设置需联动控制的消防设施时，公共部位应设置火灾自动报警系统。

高层住宅建筑的公共部位应设置具有语音功能的火灾声警报装置或应急广播。

8.4.3　建筑内可能散发可燃气体、可燃蒸气的场所应设置可燃气体报警装置。

【条文释义】　建筑内可能散发可燃气体、可燃蒸气的场所应设置可燃气体报警装置，如图8-30所示。

图8-29　建筑高度大于54m但不大于100m的住宅建筑的火灾自动报警系统示意

图8-30　建筑内可能散发可燃气体、可燃蒸气的场所应设置可燃气体报警装置示意

8.5 防烟和排烟设施

8.5.1 建筑的下列场所或部位应设置防烟设施：
1 防烟楼梯间及其前室；

【条文释义】 防烟楼梯间及其前室如图8-31所示。

图8-31 防烟楼梯间及其前室示意

2 消防电梯间前室或合用前室；

【条文释义】 消防电梯间前室或合用前室如图8-32和图8-33所示。

图8-32 消防电梯间前室示意

图8-33 合用前室示意

3 避难走道的前室、避难层（间）。

【条文释义】 避难走道的前室、避难层（间）如图8-34所示。

建筑高度不大于50m的公共建筑、厂房、仓库和建筑高度不大于100m的住宅建筑，当其防烟楼梯间的前室或合用前室符合下列条件之一时，楼梯间可不设置防烟系统：
1 前室或合用前室采用敞开的阳台、凹廊；

【条文释义】 前室或合用前室采用敞开的阳台如图 8-35 所示。

图 8-34　避难走道的前室、避难层（间）示意
注：避难（层）间的其他要求见 5.5.23 规定

图 8-35　前室或合用前室采用敞开的阳台示意

　　2　前室或合用前室具有不同朝向的可开启外窗，且可开启外窗的面积满足自然排烟口的面积要求。

【条文释义】 前室或合用前室具有不同朝向的可开启外窗，且可开启外窗的面积满足自然排烟口的面积要求，如图 8-36 和图 8-37 所示。

图 8-36　防烟楼梯间示意（1）

注：防烟楼梯间前室、消防电梯前室自然通风的有效面积 $\geq 2.0m^2$；合用前室的有效面积 $\geq 3.0m^2$

图 8-37　防烟楼梯间示意（2）

8.5.2 厂房或仓库的下列场所或部位应设置排烟设施：

1 人员或可燃物较多的丙类生产场所，丙类厂房内建筑面积大于300m²且经常有人停留或可燃物较多的地上房间；

【条文释义】 人员或可燃物较多的丙类生产场所，丙类厂房内建筑面积大于300m²且经常有人停留或可燃物较多的地上房间的设置如图8-38所示。

(a) 人员或可燃物较多的丙类生产场所平面图

(b) 丙类厂房内建筑面积大于300m²且经常有人停留或可燃物较多的地上房间平面图

图8-38　人员或可燃物较多的丙类生产场所，丙类厂房内建筑面积大于300m²
且经常有人停留或可燃物较多的地上房间的设置

2 建筑面积大于5000m²的丁类生产车间；

【条文释义】 建筑面积大于5000m²的丁类生产车间如图8-39所示。

图8-39　建筑面积大于5000m²的丁类生产车间示意

3 占地面积大于1000m²的丙类仓库；

【条文释义】 占地面积大于1000m²的丙类仓库如图8-40所示。

图8-40　占地面积大于1000m²的丙类仓库示意

4 高度大于 32m 的高层厂房（仓库）内长度大于 20m 的疏散走道，其他厂房（仓库）内长度大于 40m 的疏散走道。

【条文释义】 高度大于 32m 的高层厂房（仓库）内长度大于 20m 的疏散走道，其他厂房（仓库）内长度大于 40m 的疏散走道如图 8-41 所示。

图 8-41 高度大于 32m 的高层厂房（仓库）内长度大于 20m 的疏散走道，
其他厂房（仓库）内长度大于 40m 的疏散走道示意

8.5.3 民用建筑的下列场所或部位应设置排烟设施：

1 设置在一、二、三层且房间建筑面积大于 100m² 的歌舞娱乐放映游艺场所，设置在四层及以上楼层、地下或半地下的歌舞娱乐放映游艺场所；

【条文释义】 民用建筑中的歌舞娱乐放映游艺场所设置排烟设施如图 8-42 所示。

图 8-42 民用建筑中的歌舞娱乐放映游艺场所示意

2 中庭；

【条文释义】 中庭中应设置排烟设施的部位如图 8-43 所示。

3 公共建筑内建筑面积大于100m² 且经常有人停留的地上房间；

【条文释义】 公共建筑内建筑面积大于100m² 且经常有人停留的地上房间应设置排烟设施的部位如图8-44所示。

图 8-43 中庭中应设置排烟设施的部位示意　　　　图 8-44 公共建筑内建筑面积大于100m² 且经常有人停留的地上房间应设置排烟设施的部位平面示意

4 公共建筑内建筑面积大于300m² 且可燃物较多的地上房间；

【条文释义】 公共建筑内建筑面积大于300m² 且可燃物较多的地上房间应设置排烟设施的部位如图8-45所示。

图 8-45 公共建筑中建筑面积大于300m² 且可燃物较多的地上房间应设置排烟设施的部位平面示意

5 建筑内长度大于20m的疏散走道。

【条文释义】 建筑内长度大于20m的疏散走道应设置排烟设施的部位如图8-46所示。

图8-46 建筑内长度大于20m的疏散走道应设置排烟设施的部位示意

8.5.4 地下或半地下建筑（室）、地上建筑内的无窗房间，当总建筑面积大于200m² 或一个房间建筑面积大于50m²，且经常有人停留或可燃物较多时，应设置排烟设施。

【条文释义】 地下或半地下建筑（室）、地上建筑内的无窗房间应设置排烟设施的部位如图8-47所示。

图8-47 地下或半地下建筑（室）、地上建筑内的无窗房间应设置排烟设施的部位示意

9 供暖、通风和空气调节

9.1 一般规定

9.1.1 供暖、通风和空气调节系统应采取防火措施。

【条文释义】 供暖、通风和空气调节系统的防火措施如图9-1所示。

图9-1 供暖、通风和空气调节系统的防火措施示意

9.1.2 甲、乙类厂房内的空气不应循环使用。

【条文释义】 甲、乙类厂房的空气要求如图9-2所示。

图9-2 甲、乙类厂房的空气要求示意

丙类厂房内含有燃烧或爆炸危险粉尘、纤维的空气，在循环使用前应经净化处理，并应使空气中的含尘浓度低于其爆炸下限的25%。

【条文释义】 丙类生产厂房要求如图9-3所示。

图9-3　丙类生产厂房要求示意

9.1.3　为甲、乙类厂房服务的送风设备与排风设备应分别布置在不同通风机房内，且排风设备不应和其他房间的送、排风设备布置在同一通风机房内。

【条文释义】 甲、乙类厂房的送风设备与排风设备设置要求如图9-4所示。

图9-4　甲、乙类厂房的送风设备与排风设备设置要求示意

9.1.4　民用建筑内空气中含有容易起火或爆炸危险物质的房间，应设置自然通风或独立的机械通风设施，且其空气不应循环使用。

【条文释义】 民用建筑内空气中含有容易起火或爆炸危险物质的房间，应设置自然通风或独立的机械通风设施，如图9-5所示。

9.1.5　当空气中含有比空气轻的可燃气体时，水平排风管全长应顺气流方向向上坡度敷设。

图 9-5　民用建筑通风设置要求示意

9.1.6　可燃气体管道和甲、乙、丙类液体管道不应穿过通风机房和通风管道，且不应紧贴通风管道的外壁敷设。

【条文释义】　可燃气体管道和甲、乙、丙类液体管道敷设如图 9-6 所示。

图 9-6　可燃气体管道和甲、乙、丙类液体管道敷设示意

9.2 供　暖

9.2.1　在散发可燃粉尘、纤维的厂房内，散热器表面平均温度不应超过 82.5℃。输煤廊的散热器表面平均温度不应超过 130℃。

【条文释义】 散发可燃粉尘、纤维的厂房内的散热器如图9-7所示。

图9-7 散发可燃粉尘、纤维的厂房内的散热器示意

9.2.2 甲、乙类厂房（仓库）内严禁采用明火和电热散热器供暖。

【条文释义】 甲、乙类厂房（仓库）内严禁采用明火和电热散热器供暖，如图9-8所示。

图9-8 甲、乙类厂房（仓库）内严禁采用明火和电热散热器采暖示意

9.2.3 下列厂房应采用不循环使用的热风供暖：
　　1 生产过程中散发的可燃气体、蒸气、粉尘或纤维与供暖管道、散热器表面接触能引起燃烧的厂房；
　　2 生产过程中散发的粉尘受到水、水蒸气的作用能引起自燃、爆炸或产生爆炸性气体的厂房。

9.2.4 供暖管道不应穿过存在与供暖管道接触能引起燃烧或爆炸的气体、蒸气或粉尘的房间，确需穿过时，应采用不燃材料隔热。

【条文释义】 能引起燃烧或爆炸的气体、蒸气或粉尘的房间供暖管道的设置如图9-9所示。

图 9-9　能引起燃烧或爆炸的气体、蒸气或粉尘的房间内供暖管道的设置示意

9.2.5　供暖管道与可燃物之间应保持一定距离，并应符合下列规定：

【条文释义】　供暖管道与可燃物之间的距离设置如图 9-10 所示。

图 9-10　供暖管道与可燃物之间的距离设置示意

1　当供暖管道的表面温度大于 100℃时，不应小于 100mm 或采用不燃材料隔热；
2　当供暖管道的表面温度不大于 100℃时，不应小于 50mm 或采用不燃材料隔热。
9.2.6　建筑内供暖管道和设备的绝热材料应符合下列规定：
1　对于甲、乙类厂房（仓库），应采用不燃材料；
2　对于其他建筑，宜采用不燃材料，不得采用可燃材料。

9.3　通风和空气调节

9.3.1　通风和空气调节系统，横向宜按防火分区设置，竖向不宜超过 5 层。当管道设置防止回流设施或防火阀时，管道布置可不受此限制。竖向风管应设置在管井内。
9.3.2　**厂房内有爆炸危险场所的排风管道，严禁穿过防火墙和有爆炸危险的房间隔墙。**

【条文释义】　有爆炸危险的厂房的排风管道设置如图 9-11 所示。

图 9-11 有爆炸危险的厂房的排风管道设置示意

9.3.3 甲、乙、丙类厂房内的送、排风管道宜分层设置。当水平或竖向送风管在进入生产车间处设置防火阀时，各层的水平或竖向送风管可合用一个送风系统。

9.3.4 空气中含有易燃、易爆危险物质的房间，其送、排风系统应采用防爆型的通风设备。当送风机布置在单独分隔的通风机房内且送风干管上设置防止回流设施时，可采用普通型的通风设备。

9.3.5 含有燃烧和爆炸危险粉尘的空气，在进入排风机前应采用不产生火花的除尘器进行处理。对于遇水可能形成爆炸的粉尘，严禁采用湿式除尘器。

9.3.6 处理有爆炸危险粉尘的除尘器、排风机的设置应与其他普通型的风机、除尘器分开设置，并宜按单一粉尘分组布置。

9.3.7 净化有爆炸危险粉尘的干式除尘器和过滤器宜布置在厂房外的独立建筑内，建筑外墙与所属厂房的防火间距不应小于10m。

【条文释义】 净化有爆炸危险粉尘的干式除尘器和过滤器的布置如图9-12所示。

图 9-12 净化有爆炸危险粉尘的干式除尘器和过滤器的布置示意图

具备连续清灰功能，或具有定期清灰功能且风量不大于15000m³/h、集尘斗的储尘量小于60kg的干式除尘器和过滤器，可布置在厂房内的单独房间内，但应采用耐火极限不低于3.00h的防火隔墙和1.50h的楼板与其他部位分隔。

【条文释义】 具备连续清灰功能，或具有定期清灰功能且风量不大于15000m³/h、集尘斗的储尘量小于60kg的干式除尘器和过滤器的布置如图9-13所示。

图 9-13　具备连续清灰功能，或具有定期清灰功能且风量不大于 15000m³/h、集尘斗的储尘量
小于 60kg 的干式除尘器和过滤器的布置示意

9.3.8　净化或输送有爆炸危险粉尘和碎屑的除尘器、过滤器或管道，均应设置泄压装置
净化有爆炸危险粉尘的干式除尘器和过滤器应布置在系统的负压段上。
9.3.9　排除有燃烧或爆炸危险气体、蒸气和粉尘的排风系统，应符合下列规定：
　　1　排风系统应设置导除静电的接地装置；
　　2　排风设备不应布置在地下或半地下建筑（室）内；
　　3　排风管应采用金属管道，并应直接通向室外安全地点，不应暗设。

【条文释义】　有燃烧或爆炸危险气体、蒸气和粉尘的排风系统的设置如图 9-14 所示。

图 9-14　有燃烧或爆炸危险气体、蒸气和粉尘的排风系统的设置示意

9.3.10　排除和输送温度超过 80℃的空气或其他气体以及易燃碎屑的管道，与可燃或难
燃物体之间的间隙不应小于 150mm，或采用厚度不小于 50mm 的不燃材料隔热；当管道
上下布置时，表面温度较高者应布置在上面。

【条文释义】　排除和输送温度超过 80℃的空气或其他气体以及易燃碎屑的管道的布置如
图 9-15 和图 9-16 所示。

图 9-15　排除和输送温度超过 80℃的空气或其　　　图 9-16　排除和输送温度超过 80℃的空气或其他
他气体以及易燃碎屑的管道的布置示意　　　　　气体以及易燃碎屑的管道上下布置时的示意

9.3.11　通风、空气调节系统的风管在下列部位应设置公称动作温度为 70℃的防火阀：
　1　穿越防火分区处；
　2　穿越通风、空气调节机房的房间隔墙和楼板处；
　3　穿越重要或火灾危险性大的场所的房间隔墙和楼板处；
　4　穿越防火分隔处的变形缝两侧；
　5　竖向风管与每层水平风管交接处的水平管段上。
　注：当建筑内每个防火分区的通风、空气调节系统均独立设置时，水平风管与竖向总管的交接处可不设置防火阀。

9.3.12　公共建筑的浴室、卫生间和厨房的竖向排风管，应采取防止回流措施并宜在支管上设置公称动作温度为 70℃的防火阀。
　公共建筑内厨房的排油烟管道宜按防火分区设置，且在与竖向排风管连接的支管处应设置公称动作温度为 150℃的防火阀。

9.3.13　防火阀的设置应符合下列规定：
　1　防火阀宜靠近防火分隔处设置；
　2　防火阀暗装时，应在安装部位设置方便维护的检修口；
　3　在防火阀两侧各 2.0m 范围内的风管及其绝热材料应采用不燃材料；
　4　防火阀应符合现行国家标准《建筑通风和排烟系统用防火阀门》GB 15930 的规定。

【条文释义】　防火阀的设置如图 9-17 所示。

9.3.14　除下列情况外，通风、空气调节系统的风管应采用不燃材料：
　1　接触腐蚀性介质的风管和柔性接头可采用难燃材料；
　2　体育馆、展览馆、候机（车、船）建筑（厅）等大空间建筑，单、多层办公建筑和丙、丁、戊类厂房内通风、空气调节系统的风管，当不跨越防火分区且在穿越房间隔墙处设置防火阀时，可采用难燃材料。

9.3.15　设备和风管的绝热材料、用于加湿器的加湿材料、消声材料及其粘结剂，宜采用不燃材料，确有困难时，可采用难燃材料。
　风管内设置电加热器时，电加热器的开关应与风机的启停联锁控制。电加热器前后各 0.8m 范围内的风管和穿过有高温、火源等容易起火房间的风管，均应采用不燃材料。

（a）防火阀暗装时检修口的设置　　　　　　　　　（b）防火阀

（c）在防火阀两侧各2.0范围内的风管及其绝缘材料

图 9-17　防火阀的设置示意

9.3.16　燃油或燃气锅炉房应设置自然通风或机械通风设施。燃气锅炉房应选用防爆型的事故排风机。当采取机械通风时，机械通风设施应设置导除静电的接地装置，通风量应符合下列规定：

　　1　燃油锅炉房的正常通风量应按换气次数不少于 3 次 /h 确定，事故排风量应按换气次数不少于 6 次 /h 确定；

　　2　燃气锅炉房的正常通风量应按换气次数不少于 6 次 /h 确定，事故排风量应按换气次数不少于 12 次 /h 确定。

10 电 气

10.1 消防电源及其配电

10.1.1 下列建筑物的消防用电应按一级负荷供电：

   1 建筑高度大于 50m 的乙、丙类厂房和丙类仓库；

【条文释义】 建筑高度大于 50m 的乙、丙类厂房和丙类仓库如图 10-1 所示。

图 10-1 建筑高度大于 50m 的乙、丙类厂房和丙类仓库示意

   2 一类高层民用建筑。

10.1.2 下列建筑物、储罐（区）和堆场的消防用电应按二级负荷供电：

   1 室外消防用水量大于 30L/s 的厂房（仓库）；

【条文释义】 室外消防用水量大于 30L/s 的厂房（仓库）如图 10-2 所示。

图 10-2 室外消防用水量大于 30L/s 的厂房（仓库）示意

   2 室外消防用水量大于 35L/s 的可燃材料堆场、可燃气体储罐（区）和甲、乙类液体储罐（区）；

【条文释义】 室外消防用水量大于 35L/s 的可燃材料堆场、可燃气体储罐（区）和甲、乙类液体储罐（区）如图 10-3 所示。

图 10-3　室外消防用水量大于 35L/s 的可燃材料堆场、可燃气体储罐（区）和甲、乙类液体储罐（区）示意

3　粮食仓库及粮食筒仓；

4　二类高层民用建筑；

5　座位数超过 1500 个的电影院、剧场，座位数超过 3000 个的体育馆，任一层建筑面积大于 3000m² 的商店和展览建筑，省（市）级及以上的广播电视、电信和财贸金融建筑，室外消防用水量大于 25L/s 的其他公共建筑。

【条文释义】 消防用电应按一级负荷供电的座位数超过 1500 个的电影院、剧场，座位数超过 3000 个的体育馆，任一层建筑面积大于 3000m² 的商店和展览建筑，省（市）级及以上的广播电视、电信和财贸金融建筑，室外消防用水量大于 25L/s 的其他公共建筑如图 10-4 和图 10-5 所示。

图 10-4　座位数超过 1500 个的电影院、剧场，座位数超过 3000 个的体育馆示意

图 10-5　任一层建筑面积大于 3000m² 的商店和展览建筑，省（市）级及以上的广播电视、电信和财贸金融建筑，室外消防用水量大于 25L/s 的其他公共建筑示意

10.1.3　除本规范第 10.1.1 条和第 10.1.2 条外的建筑物、储罐（区）和堆场等的消防用电，可按三级负荷供电。

10.1.4　消防用电按一、二级负荷供电的建筑，当采用自备发电设备作备用电源时，自备发电设备应设置自动和手动启动装置。当采用自动启动方式时，应能保证在 30s 内供电。

【条文释义】 一、二级负荷供电的建筑如图 10-6 所示。

图 10-6　一、二级负荷供电的建筑示意图

不同级别负荷的供电电源应符合现行国家标准《供配电系统设计规范》GB 50052 的规定。

10.1.5　建筑内消防应急照明和灯光疏散指示标志的备用电源的连续供电时间应符合下列规定：

　　1　建筑高度大于 100m 的民用建筑，不应小于 1.5h；

　　2　医疗建筑、老年人照料设施、总建筑面积大于 100000m² 的公共建筑和总建筑面积大于 20000m² 的地下、半地下建筑，不应少于 1.00h；

　　3　其他建筑，不应少于 0.5h。

10.1.6　消防用电设备应采用专用的供电回路，当建筑内的生产、生活用电被切断时，应仍能保证消防用电。

　　备用消防电源的供电时间和容量，应满足该建筑火灾延续时间内各消防用电设备的要求。

10.1.7　消防配电干线宜按防火分区划分，消防配电支线不宜穿越防火分区。

10.1.8　消防控制室、消防水泵房、防烟和排烟风机房的消防用电设备及消防电梯等的供电，应在其配电线路的最末一级配电箱处设置自动切换装置。

10.1.9　按一、二级负荷供电的消防设备，其配电箱应独立设置；按三级负荷供电的消防设备，其配电箱宜独立设置。

　　消防配电设备应设置明显标志。

10.1.10　消防配电线路应满足火灾时连续供电的需要，其敷设应符合下列规定：

　　1　明敷时（包括敷设在吊顶内），应穿金属导管或采用封闭式金属槽盒保护，金属导管或封闭式金属槽盒应采取防火保护措施；当采用阻燃或耐火电缆并敷设在电缆井、沟内时，可不穿金属导管或采用封闭式金属槽盒保护；当采用矿物绝缘类不燃性电缆时，可直接明敷。

【条文释义】　消防配电线路其敷设应符合的规定如图 10-7 所示。

　　2　暗敷时，应穿管并应敷设在不燃性结构内且保护层厚度不应小于 30mm。

　　3　消防配电线路宜与其他配电线路分开敷设在不同的电缆井、沟内；确有困难需敷设在同一电缆井、沟内时，应分别布置在电缆井、沟的两侧，且消防配电线路应采用矿物绝缘类不燃性电缆。

图 10-7 消防配电线路其敷设应符合的规定示意

10.2 电力线路及电器装置

10.2.1 架空电力线与甲、乙类厂房（仓库），可燃材料堆垛，甲、乙、丙类液体储罐，液化石油气储罐，可燃、助燃气体储罐的最近水平距离应符合表 10.2.1 的规定。

35kV 及以上架空电力线与单罐容积大于 200m³ 或总容积大于 1000m³ 液化石油气储罐（区）的最近水平距离不应小于 40m。

表 10.2.1 架空电力线与甲、乙类厂房（仓库）、可燃材料堆垛等的最近水平距离（m）

名 称	架空电力线
甲、乙类厂房（仓库）、可燃材料堆垛，甲、乙类液体储罐，液化石油储罐，可燃、助燃气体储罐	电杆（塔）高度的 1.5 倍
直埋地下的甲、乙类液体储罐和可燃气体储罐	电杆（塔）高度的 0.75 倍
丙类液体储罐	电杆（塔）高度的 1.2 倍
直埋地下的丙类液体储罐	电杆（塔）高度的 0.6 倍

【条文释义】 架空电力线与甲、乙类厂房（仓库），可燃材料堆垛，甲、乙、丙类液体储罐，液化石油气储罐，可燃、助燃气体储罐的最近水平距离如图 10-8 ～ 图 10-10 所示。

图 10-8 架空电力线与甲、乙类厂房（仓库），可燃材料堆垛，甲、乙、丙类液体储罐，液化石油气储罐，
可燃、助燃气体储罐示意

H—架空电力线的高度

图 10-9　架空电力线与直埋地下的甲、乙、丙类液体储罐，可燃气体储罐示意

H—架空电力线的高度

图 10-10　35kV 及以上架空电力线与单罐容积大于 200m³ 或总
容积大于 1000m³ 液化石油气储罐（区）示意

10.2.2　电力电缆不应和输送甲、乙、丙类液体管道、可燃气体管道、热力管道敷设在同一管沟内。

【条文释义】　电力电缆敷设要求如图 10-11 所示。

图 10-11　电力电缆敷设要求示意

10.2.3　配电线路不得穿越通风管道内腔或直接敷设在通风管道外壁上，穿金属导管保护的配电线路可紧贴通风管道外壁敷设。
　　配电线路敷设在有可燃物的闷顶、吊顶内时，应采取穿金属导管、采用封闭式金属槽盒等防火保护措施。

【条文释义】　配电线路敷设要求如图 10-12 和图 10-13 所示。

图 10-12　配电线路敷设要求示意图　　　　图 10-13　配电线路敷设在可燃物的闷顶、吊顶内示意

10.2.4　开关、插座和照明灯具靠近可燃物时，应采取隔热、散热等防火措施。

卤钨灯和额定功率不小于 100W 的白炽灯泡的吸顶灯、槽灯、嵌入式灯，其引入线应采用瓷管、矿棉等不燃材料作隔热保护。

额定功率不小于 60W 的白炽灯、卤钨灯、高压钠灯、金属卤化物灯、荧光高压汞灯（包括电感镇流器）等，不应直接安装在可燃物体上或采取其他防火措施。

10.2.5　可燃材料仓库内宜使用低温照明灯具，并应对灯具的发热部件采取隔热等防火措施，不应使用卤钨灯等高温照明灯具。

配电箱及开关应设置在仓库外。

【条文释义】　配电箱及开关设置如图 10-14 所示。

图 10-14　配电箱及开关设置示意

10.2.6　爆炸危险环境电力装置的设计应符合现行国家标准《爆炸危险环境电力装置设计规范》GB 50058 的规定。

10.2.7　老年人照料设施的非消防用电负荷应设置电气火灾监控系统。下列建筑或场所的非消防用电负荷宜设置电气火灾监控系统：

　　1　建筑高度大于 50m 的乙、丙类厂房和丙类仓库，室外消防用水量大于 30L/s 的厂房（仓库）；

【条文释义】　非消防用电负荷宜设置电气火灾监控系统的场所是建筑高度大于 50m 的乙、丙类厂房和丙类仓库，室外消防用水量大于 30L/s 的厂房（仓库），如图 10-15 所示。

图 10-15　建筑高度大于 50m 的乙、丙类厂房和丙类仓库，室外消防用水量大于 30L/s 的厂房（仓库）示意

　　2　一类高层民用建筑；

　　3　座位数超过 1500 个的电影院、剧场，座位数超过 3000 个的体育馆，任一层建筑面积大于 3000m² 的商店和展览建筑，省（市）级及以上的广播电视、电信和财贸金融建筑，室外消防用水量大于 25L/s 的其他公共建筑；

　　【条文释义】　座位数超过 1500 个的电影院、剧场，座位数超过 3000 个的体育馆，任一层建筑面积大于 3000m² 的商店和展览建筑，省（市）级及以上的广播电视、电信和财贸金融建筑，室外消防用水量大于 25L/s 的其他公共建筑宜设置电气火灾监控系统，如图 10-16 所示。

座位数超过1500个的电影院、剧场，座位数超过3000个的体育馆，任意一层建筑面积大于3000m²的商店和展览建筑，省(市)级及以上的广播电视、电信和财贸金融建筑

室外消防用水量大于25L/s的其他公共建筑

图 10-16　宜设置电气火灾监控系统的公共建筑示意

　　4　国家级文物保护单位的重点砖木或木结构的古建筑。

　　【条文释义】　国家级文物保护单位的重点砖木或木结构的古建筑如图 10-17 所示。

图 10-17　国家级文物保护单位的重点砖木或木结构的古建筑

10.3 消防应急照明和疏散指示标志

10.3.1 除建筑高度小于27m的住宅建筑外，民用建筑、厂房和丙类仓库的下列部位应设置疏散照明：

　　1 封闭楼梯间、防烟楼梯间及其前室、消防电梯间的前室或合用前室、避难走道、避难层（间）；

【条文释义】 封闭楼梯间、防烟楼梯间及其前室、消防电梯间的前室或合用前室、避难走道、避难层（间）设置的疏散照明如图10-18所示。

图10-18 封闭楼梯间、防烟楼梯间及其前室、消防电梯间的前室或合用前室、避难走道、避难层（间）设置的疏散照明示意

　　2 观众厅、展览厅、多功能厅和建筑面积大于200m² 的营业厅、餐厅、演播室等人员密集的场所；

【条文释义】 观众厅、展览厅、多功能厅和建筑面积大于200m² 的营业厅、餐厅、演播室等人员密集的场所的疏散照明如图10-19所示。

图10-19 观众厅、展览厅、多功能厅和建筑面积大于200m² 的营业厅、餐厅、演播室等人员密集的场所的疏散照明示意

3　建筑面积大于100m² 的地下或半地下公共活动场所；

【条文释义】　建筑面积大于100m² 的地下或半地下公共活动场所疏散照明的设置如图10-20 所示。

图10-20　建筑面积大于100m² 的地下或半地下公共活动场所疏散照明的设置示意

4　公共建筑内的疏散走道；

【条文释义】　公共建筑内的疏散走道疏散照明的设置如图10-21 所示。

图10-21　公共建筑内的疏散走道疏散照明的设置示意

5　人员密集的厂房内的生产场所及疏散走道。

10.3.2　建筑内疏散照明的地面最低水平照度应符合下列规定：

1　对于疏散走道，不应低于1.0lx。

2　对于人员密集场所、避难层（间），不应低于3.0lx；对于老年人照料设施、病房楼或手术部的避难间，不应低于10.0lx。

3　对于楼梯间、前室或合用前室、避难走道，不应低于5.0lx；对于人员密集场所、老年人照料设施、病房楼或手术部内的楼梯间、前室或合用前室、避难走道，不应低于10.0lx。

【条文释义】　建筑内疏散照明的地面最低水平照度应符合的规定如图10-22 所示。

对于疏散走道,不应低于1.0lx

对于楼梯间、前室或合用前室、避难走道,不应低于5.0lx

图 10-22 建筑内疏散照明的地面最低水平照度应符合的规定示意

注：对于人员密集的场所、避难层（间），不应低于 3.0lx；对于病房楼或手术部的避难间，不应低于 10.0lx

10.3.3 消防控制室、消防水泵房、自备发电机房、配电室、防排烟机房以及发生火灾时仍需正常工作的消防设备房应设置备用照明，其作业面的最低照度不应低于正常照明的照度。

10.3.4 疏散照明灯具应设置在出口的顶部、墙面的上部或顶棚上；备用照明灯具应设置在墙面的上部或顶棚上。

【条文释义】 疏散照明灯具的设置如图 10-23 所示。

疏散照明灯应设置在出口的顶部、墙面的上部或顶棚上

图 10-23 疏散照明灯具的设置示意

10.3.5 公共建筑、建筑高度大于 54m 的住宅建筑、高层厂房（库房）和甲、乙、丙类单、多层厂房，应设置灯光疏散指示标志，并应符合下列规定：

　　1 应设置在安全出口和人员密集的场所的疏散门的正上方。

【条文释义】 设置在安全出口和人员密集场所疏散门的正上方的灯光疏散指示标志如图 10-24 所示。

图 10-24　设置在安全出口和人员密集场所疏散门的正上方的灯光疏散指示标志示意

2　应设置在疏散走道及其转角处距地面高度 1.0m 以下的墙面或地面上。灯光疏散指示标志的间距不应大于 20m；对于袋形走道，不应大于 10m；在走道转角区，不应大于 1.0m。

【条文释义】　沿疏散走道设置的灯光疏散指示标志的要求如图 10-25 所示。

(a) 剖面图　　　　　　　　　　　(b) 平面图

图 10-25　沿疏散走道设置的灯光疏散指示标志的要求示意

10.3.6　下列建筑或场所应在疏散走道和主要疏散路径的地面上增设能保持视觉连续的灯光疏散指示标志或蓄光疏散指示标志：

【条文释义】　在疏散走道和主要疏散路径的地面上增设能保持视觉连续的灯光疏散指示标志或蓄光疏散指示标志，如图 10-26 所示。

图 10-26　疏散走道和主要疏散路径的地面示意

1 总建筑面积大于 8000m² 的展览建筑；

2 总建筑面积大于 5000m² 的地上商店；

3 总建筑面积大于 500m² 的地下或半地下商店；

4 歌舞娱乐放映游艺场所；

5 座位数超过 1500 个的电影院、剧场，座位数超过 3000 个的体育馆、会堂或礼堂；

6 车站、码头建筑和民用机场航站楼中建筑面积大于 3000m² 的候车、候船厅和航站楼的公共区。

10.3.7 建筑内设置的消防疏散指示标志和消防应急照明灯具，除应符合本规范的规定外，还应符合现行国家标准《消防安全标志》GB 13495 和《消防应急照明和疏散指示系统》GB 17945 的规定。

11 木结构建筑

11.0.1 木结构建筑的防火设计可按本章的规定执行。建筑构件的燃烧性能和耐火极限应符合表 11.0.1 的规定。

表 11.0.1 木结构建筑构件的燃烧性能和耐火极限

构件名称	耐火性能和耐火极限（h）
防火墙	不燃性 3.00
承重墙，住宅建筑单元之间的墙和分户墙，楼梯间的墙	难燃性 1.00
电梯井的墙	不燃性 1.00
非承重外墙，疏散走道两侧的隔墙	难燃性 0.75
房间隔墙	难燃性 0.50
承重柱	可燃性 1.00
梁	可燃性 1.00
楼板	难燃性 0.75
屋顶承重构件	可燃性 0.50
疏散楼梯	难燃性 0.50
吊顶	难燃性 0.15

注：1 除本规范另有规定外，当一座木结构建筑存在不同高度的屋顶时，较低部分的屋顶承重构件和屋面不应采用可燃性构件，采用难燃性屋顶承重构件时，其耐火极限不应低于 0.75h。

【条文释义】 除规范另有规定外，当一座木结构建筑存在不同高度的屋顶时，较低部分的屋顶承重构件和屋面不应采用可燃性构件，采用难燃性屋顶承重构件时，其耐火极限如图 11-1 所示。

除本规范另有规定外，当一座木结构建筑存在不同高度的屋顶时，较低部分的屋顶承重构件和屋面不应采用可燃性构件，采用难燃性屋顶承重构件时，其耐火极限不应低于0.75h。较低部分的屋面面层应采用难燃材料

图 11-1 木结构建筑示意

2 轻型木结构建筑的屋顶，除防水层、保温层及屋面板外，其他部分均应视为屋顶承重构件，且不应采用可燃性构件，耐火极限不应低于 0.50h。

【条文释义】 轻型木结构建筑的屋顶如图 11-2 所示。

图 11-2 轻型木结构建筑的屋顶示意

注：轻型木结构建筑的屋顶，除防水层、保温层及屋面板外，其他部分视为屋顶承重构件（不应采用可燃性构件），耐火极限应≥0.50h

3 当建筑的层数不超过 2 层，防火墙间的建筑面积小于 600m² 且防火间的建筑长度小于 60m 时，建筑构件的燃烧性能和耐火极限可按本规范有关四级耐火等级建筑的要求确定。

【条文释义】 可按四级耐火等级确定的木结构建筑如图 11-3 所示。

图 11-3 可按四级耐火等级确定的木结构建筑示意

11.0.2 建筑采用木骨架组合墙体时，应符合下列规定：

1 建筑高度不大于 18m 的住宅建筑、建筑高度不大于 24m 的办公建筑和丁、戊类厂房（库房）的房间隔墙和非承重外墙可采用木骨架组合墙体，其他建筑的非承重外墙不得采用木骨架组合墙体；

【条文释义】 可采用木骨架组合墙体的建筑如图 11-4 所示。

图 11-4 可采用木骨架组合墙体的建筑示意

2 墙体填充材料的燃烧性能应为 A 级；

3 木骨架组合墙体的燃烧性能和耐火极限应符合表 11.0.2 的规定，其他要求应符合现行国家标准《木骨架组合墙体技术规范》GB/T 50361 的规定。

表 11.0.2 木骨架组合轻体的燃烧性能和耐火极限（h）

构件名称	建筑物的耐火等级或类型				
	一级	二级	三级	木结构建筑	四级
非承重外墙	不允许	难燃性 1.25	难燃性 0.75	难燃性 0.75	无要求
房间隔墙	难燃性 1.00	难燃性 0.75	难燃性 0.50	难燃性 0.50	难燃性 0.25

【条文释义】 木骨架组合墙体的燃烧性能和耐火极限如图 11-5 所示。

房间隔墙
一级：(难燃性)≥1.00h
二级：(难燃性)≥0.75h
三级：(难燃性)≥0.50h
木结构建筑：(难燃性)≥0.50h
四级：(难燃性)≥0.25h

非承重外墙
一级：不允许
二级：(难燃性)≥1.25h
三级：(难燃性)≥0.75h
木结构建筑：(难燃性)≥0.75h
四级：无要求

图 11-5 木骨架组合墙体的燃烧性能和耐火极限示意

11.0.3 甲、乙、丙类厂房（库房）不应采用木结构建筑或木结构组合建筑。丁、戊类厂房（库房）和民用建筑，当采用木结构建筑或木结构组合建筑时，其允许层数和允许建筑高度应符合表 11.0.3-1 的规定，木结构建筑中防火墙间的允许建筑长度和每层最大允许建筑面积应符合表 11.0.3-2 的规定。

表 11.0.3-1 木结构建筑或木结构组合建筑的允许层数和允许建筑高度

木结构建筑的形式	普通木结构建筑	轻型木结构建筑	胶型木结构建筑	木结构组合建筑
允许层数（层）	2	3	1	3	7
允许建筑高度（m）	10	10	不限	15	24

表 11.0.3-2 木结构建筑防火墙的允许建筑长度和每层最大允许建筑面积

层数（层）	防火墙的允许建筑长度（m）	防火墙的每层最大允许建筑面积（m²）
1	100	1800
2	80	900
3	60	600

注：1 当设置自动喷水灭火系统时，防火墙间的允许建筑长度和每层最大允许建筑面积可按本表的规定增加 1.0 倍，对于丁、戊类地上厂房，防火墙间的每层最大允许建筑面积不限。

2 体育场馆等高大空间建筑，其建筑高度和建筑面积可适当增加。

【条文释义】 木结构建筑或木结构组合建筑的允许建筑高度及木结构建筑防火墙的允许建筑长度和每层最大允许建筑面积如图 11-6 和图 11-7 所示。

图 11-6 木结构建筑或木结构组合建筑的允许建筑高度示意

图 11-7 木结构建筑防火墙的允许建筑长度和每层最大允许建筑面积示意

11.0.4 老年人照料设施,托儿所、幼儿园的儿童用房和活动场所设置在木结构建筑内时,应布置在首层或二层。

【条文释义】 设置在木结构建筑内的老年人照料设施,托儿所、幼儿园的儿童用房和活动场所如图 11-8 所示。

图 11-8 设置在木结构建筑内的老年人照料设施,托儿所、幼儿园的儿童用房和活动场所剖面示意

商店、体育馆和丁、戊类厂房（库房）应采用单层木结构建筑。

【条文释义】 商店、体育馆和丁、戊类厂房（库房）应采用单层木结构建筑，如图 11-9 所示。

图 11-9　单层木结构建筑剖面示意

11.0.5 除住宅建筑外，建筑内发电机间、配电间、锅炉间的设置及其防火要求，应符合本规范第 5.4.12 条～第 5.4.15 条和第 6.2.3 条～第 6.2.6 条的规定。

11.0.6 设置在木结构住宅建筑内的机动车库、发电机间、配电间、锅炉间，应采用耐火极限不低于 2.00h 的防火隔墙和 1.00h 的不燃性楼板与其他部位分隔，不宜开设与室内相通的门、窗、洞口，确需开设时，可开设一樘不直通卧室的单扇乙级防火门。机动车库的建筑面积不宜大于 60m²。

【条文释义】 木结构住宅建筑图内的设备用房要求如图 11-10 所示。

图 11-10　木结构住宅建筑图内的设备用房要求示意

11.0.7 民用木结构建筑的安全疏散设计应符合下列规定：

　　1 建筑的安全出口和房间疏散门的设置，应符合本规范第 5.5 节的规定。当木结构建筑的每层建筑面积小于 200m² 且第二层和第三层的人数之和不超过 25 人时，可设置 1 部疏散楼梯。

【条文释义】 木结构建筑设置一个安全出口的条件如图 11-11 和图 11-12 所示。

图 11-11 木结构建筑设置一个安全出口的
条件剖面示意

图 11-12 木结构建筑设置一个安全出口
的条件平面示意

2 房间直通疏散走道的疏散门至最近安全出口的直线距离不应大于表 11.0.7-1 的规定。

表 11.0.7-1 房间直通疏散走道的疏散门至最近安全出口的直线距离（m）

名称	位于两个安全出口之间的疏散门	位于袋形走道两侧或尽端的疏散门
托儿所、幼儿园、老年人照顾设施	15	10
歌舞娱乐放映游艺场所	15	6
医院和疗养院建筑、教学建筑	25	12
其他民用建筑	30	15

【条文释义】 房间直通疏散走道的疏散门至最近安全出口的直线距离如图 11-13 所示。

图 11-13 房间直通疏散走道的疏散门至最近安全出口的直线距离示意
L_1—位于两个安全出口之间房间的安全疏散距离；L_2—位于袋形走道或尽端的安全疏散距离

3 房间内任一点至该房间直通疏散走道的疏散门的直线距离，不应大于表 11.0.7-1 中有关袋形走道两侧或尽端的疏散门至最近安全出口的直线距离。

【条文释义】 房间内任一点至该房间直通疏散走道的疏散门的直线距离如图 11-14 所示。

图 11-14 房间内任一点至该房间直通疏散走道的疏散门的直线距离平面示意
L_1—房间内任意一点到该房间直通疏散走道的疏散门直线的距离，不应大于表 11.0.7-1 中有关袋形走道两侧或
尽端的疏散门至最近安全出口的直线距离

4　建筑内疏散走道、安全出口、疏散楼梯和房间疏散门的净宽度，应根据疏散人数按每 100 人的最小疏散净宽度不小于表 11.0.7-2 的规定计算确定。

表 11.0.7-2　疏散走道、安全出口、疏散楼梯和房间疏散门每 100 人的最小疏散净宽度（m/ 百人）

层数	地上 1 ～ 2 层	地上 3 层
100 人的最小疏散净宽度	0.75	1.00

【条文释义】　建筑内疏散走道、安全出口、疏散楼梯和房间疏散门的净宽度如图 11-15 所示。

图 11-15　建筑内疏散走道、安全出口、疏散楼梯和房间疏散门的净宽度平面示意

D_1, D_2, D_3, D_4—分别为各部位相应每 100 人的疏散净宽度，m

11.0.8　丁、戊类木结构厂房内任意一点至最近安全出口的疏散距离分别不应大于 50m 和 60m，其他安全疏散要求应符合本规范第 3.7 节的规定。

【条文释义】　丁、戊类木结构厂房内任意一点至最近安全出口的疏散距离如图 11-16 所示。

图 11-16　丁、戊类木结构厂房的疏散距离平面示意

注：丁类木结构厂房：$L \leqslant 50m$；戊类木结构厂房：$L \leqslant 50m$

11.0.9　管道、电气线路敷设在墙体内或穿过楼板、墙体时，应采取防火保护措施，与墙体、楼板之间的缝隙应采用防火封堵材料填塞密实。
　　住宅建筑内厨房的明火或高温部位及排油烟管道等，应采用防火隔热措施。

【条文释义】　管道、电气线路敷设采用的防火隔热措施如图 11-17 所示。

图 11-17　管道、电气线路敷设采用的防火隔热措施示意

11.0.10　民用木结构建筑之间及其与其他民用建筑的防火间距不应小于表 11.0.10 的规定。
　民用木结构建筑与厂房（仓库）等建筑的防火间距、木结构厂房（仓库）之间及其与其他民用建筑的防火间距，应符合本规范第 3、4 章有关四级耐火等级建筑的规定。

表 11.0.10　民用木结构建筑之间及其与其他民用建筑的防火间距（m）

建筑耐火等级或类别	一、二级	三级	木结构建筑	四级
木结构建筑	8	9	10	11

　注：1　两座木结构建筑之间或木结构建筑与其他民用建筑之间，外墙均无任何门、窗、洞口时，防火间距可为 4m；外墙上的门、窗、洞口不正对且开口面积之和不大于外墙面积的 10% 时，防火间距可按本表的规定减少 25%。
　2　当相邻建筑外墙有一面为防火墙，或建筑物之间设置防火墙且墙体截断不燃性屋面或高出难燃性、可燃性屋面不低于 0.5m 时，设防火建筑不限。

【条文释义】　民用木结构建筑之间及其与其他民用建筑的防火间距如图 11-18 所示。

(a) 木结构建筑之间的间距

(b) 相邻外墙门窗洞口较小的木结构建筑之间的间距

(c) 相邻外墙无门窗洞口的木结构建筑的防火间距

(d) 以防火墙拼接的木结构建筑的防火间距

图 11-18　民用木结构建筑之间及其与其他民用建筑的防火间距示意

11.0.11　木结构墙体、楼板及封闭吊顶或屋顶下的密闭空间内应采取防火分隔措施，且水平分隔长度或宽度均不应大于 20m，建筑面积不应大于 300m²，墙体的竖向分隔高度不应大于 3m。

【条文释义】　木结构建筑密闭空间内的防火分隔如图 11-19 和图 11-20 所示。

图 11-19　木结构建筑密闭空间内的防火分隔平面示意

图 11-20　木结构建筑密闭空间内的防火分隔剖面示意

轻型木结构建筑的每层楼梯梁处应采取防火分隔措施。

11.0.12 木结构建筑与钢结构、钢筋混凝土结构或砌体结构等其他结构类型组合建造时，应符合下列规定：

1 竖向组合建造时，木结构部分的层数不应超过 3 层并应设置在建筑的上部，木结构部分与其他结构部分宜采用耐火极限不低于 1.00h 的不燃性楼板分隔。

【条文释义】 木结构建筑与竖向组合建筑的防火设计要求如图 11-21 所示。

图 11-21 木结构建筑与竖向组合建筑的防火设计要求示意

水平组合建造时，木结构部分与其他结构部分宜采用防火墙分隔。

【条文释义】 木结构建筑与水平组合建筑的防火设计要求如图 11-22 所示。

图 11-22 木结构建筑与水平组合建筑的防火设计要求示意

2 当木结构部分与其他结构部分之间按上款规定进行了防火分隔时，木结构部分和其他部分的防火设计，可分别执行本规范对木结构建筑和其他结构建筑的规定；其他情况，建筑的防火设计应执行本规范有关木结构建筑的规定。

【条文释义】 木结构建筑与其他结构建筑的防火设计要求如图 11-23 和图 11-24 所示。

图 11-23 木结构建筑与其他结构建筑的防火设计要求竖向组合示意

图 11-24 木结构建筑与其他结构建筑的防火设计要求水平组合示意

    3 室内消防给水应根据建筑的总高度、体积或层数和用途按本规范第8章和国家现行有关标准的规定确定，室外消防给水应按本规范有关四级耐火等级建筑的规定确定。

11.0.13 总建筑面积大于1500m²的木结构公共建筑应设置火灾自动报警系统，木结构住宅建筑内应设置火灾探测与报警装置。

    【条文释义】 设置火灾自动报警系统的总建筑面积大于1500m²的木结构公共建筑如图11-25和图11-26所示。

总建筑面积 大于1500m²的木结构公共建筑应设置火灾自动报警系统

图 11-25 设置火灾自动报警系统的总建筑面积大于1500m²的木结构公共建筑示意

木结构住宅建筑内应设置火灾探测与报警装置

图 11-26 木结构住宅建筑示意

11.0.14 木结构建筑的其他防火设计应执行本规范有关四级耐火等级建筑的规定，防火构造要求除应符合本规范的规定外，尚应符合现行国家标准《木结构设计规范》GB 50005等标准的规定。

12 城市交通隧道

12.1 一般规定

12.1.1 城市交通隧道（以下简称隧道）的防火设计应综合考虑隧道内的交通组成、隧道的用途、自然条件、长度等因素。

12.1.2 单孔和双孔隧道应按其封闭段长度和交通情况分为一、二、三、四类，并应符合表12.1.2的规定。

表 12.1.2　单孔和双孔隧道分类

用途	一类	二类	三类	四类
	隧道封闭段长度 L/m			
可通行危险化学品等机动车	$L > 1500$	$500 < L \leqslant 1500$	$L \leqslant 1500$	—
仅限通行非危险化学品等机动车	$L > 3000$	$1500 < L \leqslant 3000$	$500 < L \leqslant 1500$	$L \leqslant 500$
仅限行人或通行费机动车	—	—	$L > 1500$	$L \leqslant 1500$

12.1.3 隧道承重结构体的耐火极限应符合下列规定：

1　一、二类隧道和通行机动车的三类隧道，其承重结构体耐火极限的测定应符合本规范附录C的规定；对于一、二类隧道，火灾升温曲线应采用本规范附录C第C.0.1条规定的RABT标准升温曲线，耐火极限分别不应低于2.00h和1.50h；对于通行机动车的三类隧道，火灾升温曲线应采用本规范附录C第C.0.1条规定的HC标准升温曲线，耐火极限不应低于2.00h。

2　其他类别隧道承重结构体耐火极限的测定应符合现行国家标准《建筑构件耐火试验方法第1部分：通用要求》GB/T 9978.1的规定；对于三类隧道，耐火极限不应低于2.00h；对于四类隧道，耐火极限不限。

【条文释义】　承重结构体耐火极限的要求如图12-1所示。

图 12-1　承重结构体耐火极限的要求示意

注：承重结构体耐火极限的要求：
一类隧道 ≥ 2.00h；二类隧道 ≥ 1.50h（火灾升温曲线 RABT 标准）；
三类隧道 ≥ 2.00h；四类隧道不限（火灾升温曲线 HC）标准

12.1.4 隧道内的地下设备用房、风井和消防救援出入口的耐火等级应为一级，地面的重要设备用房、运营管理中心及其他地面附属用房的耐火等级不应低于二级。

12.1.5 除嵌缝材料外，隧道的内部装修应采用不燃材料。

【条文释义】 隧道的内部装修如图 12-2 所示。

不燃材料

不燃材料

嵌缝材料可不用不燃材料

图 12-2　隧道的内部装修示意

12.1.6 通行机动车的双孔隧道，其车行横通道或车行疏散通道的设置应符合下列规定：

　　1　水底隧道宜设置车行横通道或车行疏散通道。车行横通道的间隔和隧道通向车行疏散通道入口的间隔宜为 1000m ～ 1500m。

　　2　非水底隧道应设置车行横通道或车行疏散通道。车行横通道的间隔和隧道通向车行疏散通道入口的间隔不宜大于 1000m。

　　3　车行横通道应沿垂直隧道长度方向布置，并应通向相邻隧道；车行疏散通道应沿隧道长度方向布置在双孔中间，并应直通隧道外。

　　4　车行横通道和车行疏散通道的净宽度不应小于 4.0m，净高度不应小于 4.5m。

　　5　隧道与车行横通道或车行疏散通道的连通处，应采取防火分隔措施。

【条文释义】 车行横通道或车行疏散通道的设置要求如图 12-3 所示。

图 12-3　车行横通道或车行疏散通道的设置要求示意

12.1.7 双孔隧道应设置人行横通道或人行疏散通道，并应符合下列规定。

　　1 人行横通道的间隔和隧道通向人行疏散通道入口的间隔，宜为250m～300m。

　　2 人行疏散横通道应沿垂直双孔隧道长度方向布置，并应通向相邻隧道。人行疏散通道应沿隧道长度方向布置在双孔中间，并应直通隧道外。

　　3 人行横通道可利用车行横通道。

　　4 人行横通道或人行疏散通道的净宽度不应小于1.2m，净高度不应小于2.1m。

　　5 隧道与人行横通道或人行疏散通道的连通处，应采取防火分隔措施，门应采用乙级防火门。

【条文释义】 设置人行横通道或人行疏散通道的双孔隧道如图12-4所示。

图12-4　设置人行横通道或人行疏散通道的双孔隧道示意

12.1.8 单孔隧道宜设置直通室外的人员疏散出口或独立避难所等避难设施。

12.1.9 隧道内的变电站、管廊、专用疏散通道、通风机房及其他辅助用房等，应采取耐火极限不低于2.00h的防火隔墙和乙级防火门等分隔措施与车行隧道分隔。

【条文释义】 隧道内的变电站、管廊、专用疏散通道、通风机房及其他辅助用房等的防火要求如图12-5所示。

图12-5　隧道内的变电站、管廊、专用疏散通道、通风机房及其他辅助用房的防火要求示意

12.1.10 隧道内地下设备用房的每个防火分区的最大允许建筑面积不应大于 1500m²，每个防火分区的安全出口数量不应少于 2 个，与车道或其他防火分区相通的出口可作为第二安全出口，但必须至少设置 1 个直通室外的安全出口；建筑面积不大于 500m² 且无人值守的设备用房可设置 1 个直通室外的安全出口。

【条文释义】 隧道内地下设备用房的每个防火分区设置安全出口的要求如图 12-6 所示。

(a) 隧道内地下设备用房的每个防火分区的安全出口平面示意

(b) 建筑面积不大于 500m² 且无人值守的设备用房设置的安全出口

图 12-6　隧道内地下设备用房的每个防火分区设置安全出口的要求示意

12.2　消防给水和灭火设施

12.2.1 在进行城市交通的规划和设计时，应同时设计消防给水系统。四类隧道和行人或通行非机动车辆的三类隧道，可不设置消防给水系统。

12.2.2 消防给水系统的设置应符合下列规定：

1　消防水源和供水管网应符合国家现行有关标准的规定。

2　消防用水量应按隧道的火灾延续时间和隧道全线同一时间发生一次火灾计算确定。一、二类隧道的火灾延续时间不应小于 3.0h；三类隧道，不应小于 2.0h。

3　隧道内的消防用水量应按同时开启所有灭火设施的用水量之和计算。

4 隧道内宜设置独立的消防给水系统。严寒和寒冷地区的消防给水管道及室外消火栓应采取防冻措施；当采用干式给水系统时，应在管网的最高部位设置自动排气阀，管道的充水时间不宜大于90s。

5 隧道内的消火栓用水量不应小于20L/s，隧道外的消火栓用水量不应小于30L/s。对于长度小于1000m的三类隧道，隧道内、外的消火栓用水量可分别为10L/s和20L/s。

6 管道内的消防供水压力应保证用水量达到最大时，最不利点处的水枪充实水柱不小于10.0m。消火栓栓口处的出水压力大于0.5MPa时，应设置减压设施。

7 在隧道出入口处应设置消防水泵接合器和室外消火栓。

8 隧道内消火栓的间距不应大于50m，消火栓的栓口距地面高度宜为1.1m。

【条文释义】 隧道内消火栓的间距和消火栓的栓口距地面高度如图12-7所示。

图12-7 隧道内消火栓的间距和消火栓的栓口距地面高度示意

9 设置消防水泵供水设施的隧道，应在消火栓箱内设置消防水泵启动按钮。

10 应在隧道单侧设置室内消火栓箱，消火栓箱内应配置1支喷嘴口径19mm的水枪、1盘长25m、直径65mm的水带，并宜配置消防软管卷盘。

【条文释义】 室内消火栓箱如图12-8所示。

图12-8 室内消火栓箱示意

12.2.3 隧道内应设置排水设施。排水设施应考虑排除渗水、雨水、隧道清洗等水量和灭火时的消防用水量，并应采取防止事故时可燃液体或有害液体沿隧道漫流的措施。

12.2.4 隧道内应设置 ABC 类灭火器，并应符合下列规定：

1 通行机动车的一、二类隧道和通行机动车并设置 3 条及以上车道的三类隧道，在隧道两侧均应设置灭火器，每个设置点不应少于 4 具。

【条文释义】 通行机动车的一、二类隧道和通行机动车并设置 3 条及以上车道的三类隧道如图 12-9 所示。

图 12-9　通行机动车的一、二类隧道和通行机动车并设置 3 条及以上车道的三类隧道示意

2 其他隧道，可在隧道一侧设置灭火器，每个设置点不应少于 2 具。

【条文释义】 其他隧道，可在隧道一侧设置灭火器，如图 12-10 所示。

图 12-10　其他隧道灭火器的设置示意

3 灭火器设置点的间距不应大于 100m。

12.3　通风和排烟系统

12.3.1 通行机动车的一、二、三类隧道应设置排烟设施。

12.3.2 隧道内机械排烟系统的设置应符合下列规定。

1 长度大于 3000m 的隧道，宜采用纵向分段排烟方式或重点排烟方式；

2 长度不大于 3000m 的单洞单向交通隧道，宜采用纵向排烟方式；

【条文释义】 纵向排烟方式如图 12-11 所示。

图 12-11　纵向排烟方式示意

注：长度 $L \leqslant 3000$m 的单洞单向交通隧道，宜采用纵向排烟方式

3　单洞双向交通隧道，宜采用重点排烟方式。

【条文释义】　重点排烟方式如图 12-12 所示。

图 12-12　重点排烟方式示意

12.3.3　机械排烟系统与隧道的通风系统宜分开设置。合用时，合用的通风系统应具备在火灾时快速转换的功能，并应符合机械排烟系统的要求。

12.3.4　隧道内设置的机械排烟系统应符合下列规定：

1　采用全横向和半横向通风方式时，可通过排风管道排烟。

【条文释义】　全横向和半横向通风方式如图 12-13 所示。

图 12-13　全横向和半横向通风方式示意

注：采用全横向和半横向通风方式时，可通过排风管道排烟

2 采用纵向排烟方式时，应能迅速组织气流、有效排烟，其排烟风速应根据隧道不利火灾规模确定，且纵向气流的速度不应小于 2m/s，并应大于临界风速。

3 排烟风机和烟气流经的风阀、消声器、软接等辅助设备，应能承受设计的隧道火灾烟气排放温度，并应能在 250℃下连续正常运行不小于 1.0h。排烟管道的耐火极限不应低于 1.00h。

12.3.5 隧道的避难设施内应设置独立的机械加压送风系统，其送风的余压值应为 30Pa～50Pa。

12.3.6 隧道内用于火灾排烟的射流风机，应至少备用一组。

【条文释义】 隧道内的射流风机如图 12-14 所示。

隧道内用于火灾排烟的射流风机，应至少备用一组

图 12-14 隧道内的射流风机示意

12.4 火灾自动报警系统

12.4.1 隧道入口外 100m～150m 处，应设置隧道内发生火灾时能提示车辆禁入隧道的警报信号装置。

【条文释义】 隧道入口设置警报信号装置如图 12-15 所示。

(a) 剖面图

(b) 实景图

图 12-15 隧道入口设置警报信号装置示意

12.4.2 一、二类隧道应设置火灾自动报警系统，通行机动车的三类隧道宜设置火灾自动报警系统。火灾自动报警系统的设置应符合下列规定：

    1 应设置火灾自动探测装置；

    2 隧道出入口和隧道内每隔 100m ～ 150m 处，应设置报警电话和报警按钮；

    3 应设置火灾应急广播或应每隔 100m ～ 150m 处设置发光警报装置。

【条文释义】 隧道内火灾自动报警系统的设置如图 12-16 所示。

(a) 隧道内报警电话和报警按钮的设置   (b) 隧道内发光警报装置

图 12-16 隧道内火灾自动报警系统的设置示意

12.4.3 隧道用电缆通道和主要设备用房内应设置火灾自动报警系统。

【条文释义】 隧道用电缆通道和主要设备用房内设置如图 12-17 所示。

图 12-17 隧道用电缆通道和主要设备用房内应设置火灾自动报警系统示意

12.4.4 对于可能产生屏蔽的隧道，应设置无线通信等保证灭火时通信联络畅通的设施。

12.4.5 封闭段长度超过 1000m 的隧道宜设置消防控制室，消防控制室的建筑防火要求应符合本规范第 8.1.7 条和第 8.1.8 条的规定。

    隧道内火灾自动报警系统的设计应符合现行国家标准《火灾自动报警系统设计规范》GB 50116 的规定。

12.5 供电及其他

12.5.1 一、二类隧道的消防用电应按一级负荷要求供电；三类隧道的消防用电应按二级负荷要求供电。

12.5.2 隧道的消防电源及其供电、配电线路等的其他要求应符合本规范第 10.1 节的规定。

12.5.3 隧道两侧、人行横通道和人行疏散通道上应设置疏散照明和疏散指示标志，其设置高度不宜大于 1.5m。

【条文释义】 隧道两侧、人行横通道和人行疏散通道上应设置疏散照明和疏散指示标志，其设置高度如图12-18所示。

图 12-18 隧道两侧、人行横通道和人行疏散通道设置的消防应急照明灯具、
疏散照明和疏散指示标志的高度示意

注：一、二类隧道内疏散照明和疏散指示标志的连续供电时间不应小于1.5h；其他隧道，不应小于1.0h

一、二类隧道内疏散照明和疏散指示标志的连续供电时间不应小于1.5h；其他隧道，不应小于1.0h。其他要求可按本规范第10章的规定确定。

12.5.4 隧道内严禁设置可燃气体管道；电缆线槽应与其他管道分开敷设。当设置10kV及以上的高压电缆时，应采用耐火极限不低于2.00h的防火分隔体与其他区域分隔。

【条文释义】 隧道内防火分隔的设置要求如图12-19所示。

图 12-19 隧道内防火分隔的设置要求示意

12.5.5 隧道内设置的各类消防设施均应采取与隧道内环境条件相适应的保护措施，并应设置明显的发光指示标志。

【条文释义】 隧道内设置明显的发光指示标志如图12-20所示。

图 12-20 隧道内设置明显的发光指示标志示意

附录 A　建筑高度和建筑层数的计算方法

A.0.1　建筑高度的计算应符合下列规定：

　　1　建筑屋面为坡屋面时，建筑高度应为建筑室外设计地面至其檐口与屋脊的平均高度。

　　【条文释义】　建筑屋面为坡屋面时，建筑高度如附图 A-1 所示。

附图 A-1　建筑高度示意（屋面为坡屋面时）

注：建筑高度 $H=H_1+(1/2)H_2$；坡屋面坡度应 ≥ 3%

　　2　建筑屋面为平屋面（包括有女儿墙的平屋面）时，建筑高度应为建筑室外设计地面至其屋面面层的高度。

　　【条文释义】　建筑屋面为平屋面（包括有女儿墙的平屋面）时，建筑高度如附图 A-2 所示。

附图 A-2　建筑高度示意（屋面为平屋面时）

注：除台阶式地坪外，室外设计地面应同时满足以下两个条件，并设计选取室外设计地面标高的最低值作为计算建筑高度的标高值：

　1. 建筑首层主要安全出口的室外设计地面标高；

　2. 满足消防扑救操作要求的室外设计地面标高

　　3　同一座建筑有多种形式的屋面时，建筑高度应按上述方法分别计算后，取其中最大值。

　　【条文释义】　同一座建筑有多种形式屋面时的建筑高度如附图 A-3 所示。

附图 A-3　同一座建筑有多种形式的屋面时的建筑高度示意

注：建筑高度取 H_1 和 H_2 中的较大的数

4　对于台阶式地坪，当位于不同高程地坪上的同一建筑之间有防火墙分隔，各自有符合规范规定的安全出口，且可沿建筑的两个长边设置贯通式或尽头式消防车道时，可分别计算各自的建筑高度。否则，应按其中建筑高度最大者确定该建筑的建筑高度。

【条文释义】　对于台阶式地坪，位于不同高程地坪上的同一建筑的设置如附图 A-4 所示。

示例：同时具备（1）、（2）、（3）三个条件时可按 H_1、H_2、H_3
分别计算建筑高度，否则应该按 H_3 计算建筑高度

附图 A-4　对于台阶式地坪位于不同高程地坪上的同一建筑的设置示意

5　局部突出屋顶的瞭望塔、冷却塔、水箱间、微波天线间或设施、电梯机房、排风和排烟机房以及楼梯出口小间等辅助用房占屋面面积不大于 1/4 者，可不计入建筑高度。

【条文释义】　局部突出屋顶的瞭望塔、冷却塔、水箱间、微波天线间或设施、电梯机房、排风和排烟机房以及楼梯出口小间等辅助用房如附图 A-5 所示。

局部突出屋顶的 瞭望塔、冷却塔、水箱间、微波天线间或设
施、电梯机房、排风和排烟机房以及楼梯出口小间 等辅助用
房占屋面面积 不大于1/4时，不需计入建筑高度

附图 A-5   局部突出屋顶的瞭望塔、冷却塔、水箱间、微波天线间或设施、
电梯机房、排风和排烟机房以及楼梯出口小间等辅助用房示意

6   对于住宅建筑，设置在底部且室内高度不大于 2.2m 的自行车库、储藏室、敞开空间，室内外高差或建筑的地下或半地下室的顶板面高出室外设计地面的高度不大于 1.5m 的部分，可不计入建筑高度。

【条文释义】   设置在底部且室内高度不大于 2.2m 的自行车库、储藏室、敞开空间，室内外高差或建筑的地下或半地下室如附图 A-6 所示。

对于住宅建筑，设置在底部室内高度不大于2.2m的自行车库、储藏室、敞开空间，可不计入建筑高度

对于住宅建筑，室内外高差或建筑的地下或半地下室的顶板面高出室外设计地面的高度 不大于1.5m的部分，可不计入其建筑高度

附图 A-6   不计入建筑高度的住宅建筑示意

A.0.2   建筑层数应按建筑的自然层数计算，下列空间可不计入建筑层数。
1   室内顶板面高出室外设计地面的高度不大于 1.5m 的地下或半地下室；

【条文释义】   室内顶板面高出室外设计地面的高度如图 A-7 所示。

附图 A-7 室内顶板面高出室外设计地面的高度示意

2 设置在建筑底部且室内高度不大于 2.2m 的自行车库、储藏室、敞开空间；

3 建筑屋顶上突出的局部设备用房、出屋面的楼梯间等。

附录 B 防火间距的计算方法

B.0.1 建筑物之间的防火间距应按相邻建筑外墙的最近水平距离计算，当外墙有凸出的可燃或难燃构件时，应从其凸出部分外缘算起。

【条文释义】 建筑物之间的防火间距应按相邻建筑外墙的最近水平距离计算，如附图 B-1 所示。

附图 B-1 建筑物之间的防火间距示意

建筑物与储罐、堆场的防火间距，应为建筑外墙至储罐外壁或堆场中相邻堆垛外缘的最近水平距离。

【条文释义】 建筑物与储罐、堆场的防火间距如附图 B-1 和附图 B-2 所示。

附图 B-2 建筑物与储罐、堆场的防火间距示意（1）

附图 B-3 建筑物与储罐、堆场的防火间距示意（2）

B.0.2 储罐之间的防火间距应为相邻两储罐外壁的最近水平距离。
储罐与堆场的防火间距应为储罐外壁至堆场中相邻堆垛外缘的最近水平距离。

B.0.3 堆场之间的防火间距应为两堆场中相邻堆垛外缘的最近水平距离。

B.0.4 变压器之间的防火间距应为相邻变压器外壁的最近水平距离。

变压器与建筑物、储罐或堆场的防火间距，应为变压器外壁至建筑外墙、储罐外壁或相邻堆垛外缘的最近水平距离。

【条文释义】 变压器与建筑物、储罐或堆场的防火间距如附图 B-4 所示。

附图 B-4　变压器与建筑物、储罐或堆场的防火间距示意

B.0.5 建筑物、储罐或堆场与道路、铁路的防火间距，应为建筑外墙、储罐外壁或相邻堆垛外缘距道路最近一侧路边或铁路中心线的最小水平距离。

【条文释义】 建筑物、储罐或堆场与道路、铁路的防火间距如附图 B-5 所示。

附图 B-5　建筑物、储罐或堆场与道路、铁路的防火间距示意

附录 C　隧道内承重结构体的耐火极限试验升温曲线和相应的判定标准

C.0.1　RABT 和 HC 标准升温曲线应符合现行国家标准《建筑构件耐火试验可供选择和附加的试验程序》GB/T 26784 的规定。

【条文释义】　RABT 标准升温曲线如附图 C-1 所示。

附图 C-1　RABT 标准升温曲线示意

C.0.2　耐火极限判定标准应符合下列规定：

　　1　当采用 HC 标准升温曲线测试时，耐火极限的判定标准为：受火后，当距离混凝土底表面 25mm 处钢筋的温度超过 250℃，或者混凝土表面的温度超过 380℃时，则判定为达到耐火极限。

　　2　当采用 RABT 标准升温曲线测试时，耐火极限的判定标准为：受火后，当距离混凝土底表面 25mm 处钢筋的温度超过 300℃，或者混凝土表面的温度超过 380℃时，则判定为达到耐火极限。

部分参考文献

[1] GB 50016—2014 建筑设计防火规范（2018 年版）[S].

[2] 中国建筑标准设计研究院.《建筑设计防火规范》图示 18J811-1 [M]. 北京：中国计划出版社，2014.

[3] 中国建筑标准设计研究院.《高层居民建筑设计防火规范》图示 06SJ812 [M]. 北京：中国计划出版社，2006.

[4] 张树平. 建筑设计防火 [M]. 第 2 版. 北京：中国建筑工业出版社，2009.

[5] 靳玉芳. 图释建筑防火设计 [M]. 北京：中国建材出版社，2008.

[6] 教锦章. 建筑设计防火规范问答 100 题 [M]. 北京：中国建筑工业出版社，2012.

[7] 赵建彬，王崇恩. 住宅建筑规范图解 [M]. 北京：机械工业出版社，2010.